善待自己的智慧

刘青田 ◎ 编著

中国纺织出版社有限公司

内 容 提 要

哲人说，善良是世间最美好的品质，对他人心怀善意是好事，但善良，也要有原则、有底线、有尺度、有立场，否则很有可能会使我们陷入困境之中。一个人越是善良，越是要有点锋芒，这样才能避免纵容他人，也能保护自己，让善良发挥作用。

本书是一本直击人们内心世界的心灵读物，它告诉我们，千万别因善良而惯纵他人，为难自己，甚至让自己陷入危险境地，并且将这一道理贯彻到生活和工作中的方方面面解读，给我们切实有效的指导意见，希望对广大读者有所帮助。

图书在版编目（CIP）数据

善待自己的智慧／刘青田编著.--北京：中国纺织出版社有限公司，2021.10

ISBN 978-7-5180-8496-8

Ⅰ.①善… Ⅱ.①刘… Ⅲ.①人生哲学—通俗读物 Ⅳ.①B821-49

中国版本图书馆CIP数据核字（2021）第074700号

责任编辑：张 羽　　责任校对：王花妮　　责任印制：储志伟

中国纺织出版社有限公司出版发行

地址：北京市朝阳区百子湾东里A407号楼　邮政编码：100124

销售电话：010—67004422　传真：010—87155801

http://www.c-textilep.com

中国纺织出版社天猫旗舰店

官方微博 http://weibo.com/2119887771

三河市延风印装有限公司印刷　各地新华书店经销

2021年10月第1版第1次印刷

开本：880×1230　1/32　印张：6

字数：108千字　定价：49.80元

前言

　　我们发现，在我们周围，有这样一些人，他们内心善良，无论别人提出什么要求，他们都一一应承下来，即便他们自己受了委屈，他们也会满足别人；当自己有困难的时候，他们也不愿求助于他人；他们宁愿背地里哭泣，也要把欢笑留给别人；谈到某个观点，只要与别人的意见相左，他们就认为自己是错误的，总之，喜欢讨好他人、凡事以他人为中心是他们的典型特征。表面上看，他们是别人眼中的好人，但其实这是一种无原则、无底线的善良，是软弱的表现。他们害怕因拒绝别人而在别人心中留下不好的印象，为此，他们对人掏心掏肺，竭尽全力去帮助别人、替别人着想，但最后他们会发现，原来这些"好"并不被人珍惜和感激，反而让自己陷入糟糕的境地，悔之而不及。

　　哲人说，聪明是一种天赋，善良才是一种选择，真正的善良不是软弱和退让，而是从不去主动伤害别人，不会纠缠不休，懂得适可而止。我们的善良体现在为人处世坦诚以待，不欺骗，不撒谎，以善良的心去面对所有人，但同样也要有所防范和拒绝，别被小人利用。

　　这个世界，从来不缺泛滥的善良，缺少的是理智和克制。面对一次次欺负自己的人，你的善良在对方看来就是软弱，对方不仅不会感激你，反而觉得你是个软柿子，因为你的善良过度了，使自己成为了那些品德不好的人欺负的对象。事实上，现实社会是残酷的、现实的，在不经意间，你就会成为别人利用和伤害的对象。

一些人可能会说，"我就是心软，没办法呀"。诚然，心软是善良的一种体现。但在进行你的"善举"前，你要先问自己几个问题，比如这件事你能不能"扛"？值不值得去"扛"？能不能心安理得地去"扛"？如果出发点只是善良，又能"扛"住多少负重？

其实有时候，"太"善良反而是"犯傻"，让善良任意放纵，会让自己陷入危难乃至危险的境地。《奇葩说》里，柏邦妮说过一句话："善良是很珍贵的，但善良没有长出牙齿来，那就是软弱。"善良不能毫无底线、没有原则，很多时候，越是善良的人越是要保护自己，越是要把控底线和尺度，不能软弱得任人宰割。当一个人的善良没有原则、毫无节制，那就会成为最大的恶。我们需要善良，但不能做盲目善良的人，因为有可能你的盲目恰恰会伤害自己，同时也会伤害别人，这样的结果是令人痛心的。因此，千言万语汇成一句话，每一个善良的人都要记住，你的善良，一定要有点锋芒。

编著者

2021年2月

目录

第01章

善良是一种选择，更应该是一种智慧

　　漂亮的女人是令人赏心悦目的，不过只有拥有善良，才会永葆魅力。善良的女人最美，但是善良也需要智慧。善良并非忍让、单纯、付出，善良也有原则、底线和尺度。

善良，是高尚的品质

女人，要学会与人为善，做一个有爱心的女人。有爱心的女人是善良的，善良是一种心态，一种为人处世的方式，有可能是日常生活中无意的行为，但不管做什么事情，那都是她们发自内心的。什么样的女人才最有魅力呢？或许，有人说是漂亮的女人有魅力，衣着华贵的女人有魅力，年轻的女人有魅力，但是，我想这些所谓的魅力都只是暂时的，只有善良的女人才会绽放永久的魅力。

善良的女人或许外表很一般，但善良让她风采照人，如果她外貌也漂亮，那善良无疑会为她锦上添花。优秀的女人是善良的，我们之所以将"善良"作为评价女人的标准之一，是因为善良是这个世界上最美好的情操。所谓"人之初，性本善"，有人说善良的女人像明矾，她们使世界变得澄清。

别林斯基说："美丽，都是从灵魂深处发出的。"女人的魅力并不仅在于容貌，魅力更来自真诚、善良、温柔、自信、爱心的品格。女人的内心深处隐藏着一种母性的潜力，那就是爱心。正是这爱心，它常是女人魅力的精华浓缩。

一个有魅力的女人，她会通过自己的实际行动来展现自己的魅力，如展现爱心。一个有爱心的女人，通常是不会被人拒绝的，人们看到在她们美丽的外表下，还有一颗善良的心，就会对她们充满敬佩之情。

记得有这样一件鲜为人知的爱心故事。

当年年仅12岁的女孩王翠因为家庭贫困，得到了学校举办的捐赠活动中的一件棉衣。当王翠第一次穿上那件看起来还是九成新的棉衣时，心里暖暖的，她把自己冻得冰冷的手伸进衣兜里取暖，却无意中发现一张纸条，她摸出来看，上面写着："穿上这件衣服的小朋友，如果你学习上遇到了困难，请和我联系，我可以尽力帮助你……"后面留下了捐赠人李思俭的联系地址和电话。李思俭是农业银行南京城南支行的职员，1996年秋天，在单位组织的为贫困地区捐赠冬衣的活动中，李思俭在自己捐出的一件棉衣口袋里留了一张小纸条，她觉得这种方式更适合自己表达爱心。

在时隔9年后，当王翠因为家庭贫困徘徊在大学校门外时，王翠想起了那位捐赠棉衣的爱心阿姨。而当年留下小纸条的那位捐赠者李思俭信守自己的承诺，及时向王翠伸出了自己的援助之手，并且还带动了整个银行的同事去看望那个孩子，帮助王翠渡过了人生的一道难关。

小纸条被珍藏了9年之后，引出了一个传奇的爱心故事，让所有的人都为之感动。戴着眼镜的李思俭，看上去显得很柔弱，但是人们透过她外表的柔弱看到了她内在的爱心和绚丽的精神世界。

也许，李思俭在单位只是一个很平凡的银行职员，但是她却做出了不平凡的事情。处处与人为善，一个有爱心的女人，她是不会被时代所忘记的。爱心是她赠予别人的礼物，上天也会因为她的爱心回报给她更多的东西。

一个有爱心的女人，不管她看起来有多普通，多么的平凡，但是在她平凡的外表下，有着一颗温暖的爱心，那就是非常令人欣赏的。女人的魅力并不是来自外表的光鲜与美丽，更多的是来自内在。李思俭用她自己的爱心故事，展现了她内在的修养与美丽。

有爱心的女人离幸福最近，她们永远记得去乐施，却从不要求回报。表面上看起来很吃亏，但实际上这是做人的聪明之处，也是她人格的魅力所在。当然，爱心并不是施舍，爱心也并不是可怜。爱心是需要你以平等的态度付出，有爱心的女人，必然会有一颗仁慈博大的心。

有一个盲人，他住在一栋楼里。他有一个习惯，那就是每天晚上他都会到楼下花园去散步。奇怪的是，无论是上楼还是下楼，他自己虽然只能顺着墙摸索，却一定要按亮楼道里的灯。

一个邻居忍不住，好奇地问道："你的眼睛看不见，为何还要开灯呢？"

盲人回答说："开灯能给别人上下楼带来方便，也能给我带来方便。"

邻居疑惑地问道："开灯能给你带来什么方便呢？"

盲人答道："开灯后，上下楼的人都能看到我，就不会把我撞倒了，这不就给我带来方便了吗？"

邻居这才恍然大悟。

俗话说："赠人玫瑰，手有余香。"虽然只是一件很平凡的事情，哪怕如同赠人一枝玫瑰般微不足道，但是它带来的温馨却会在赠花人和收花人的心底慢慢升腾、弥漫。有时候，你一个发自内心的小小善行，就有可能铸就大爱的人生舞台。

一个再怎么漂亮的女人，一旦被人发现表里不一，也难免使人心生厌恶之感。如果你和一个充满爱心的人在一起，你就会感受到一种心灵的洗礼，也会感到这个世界的美好。爱心是一切爱的源头，丰盈的爱心似乎总是女人与生俱来的天分，女人要发挥自己的天分，用爱心打造一颗完美的女人心。

对人对事，与人为善，豁达一些，或是对迷途的人说一句提醒的话，或是对自卑的人说一句振作的话，或是对苦痛的人说一句安慰的话。只是一句简单的话，既不要花费什么金钱，也不需要耗费你多少精力，而对需要你帮助的人来说，却相当于旱天的甘霖，雪中的炭火。

💗 心灵小酌

美国文学家切斯特菲尔德说："用你喜欢别人对待你的方式去对待别人。"每个人都是需要被理解、同情和尊敬的，推己及人，女人在与人相处的时候，就应该适时表现出自己的善良。

狡诈与愚蠢，都是善良的天敌

有时候，我们所认为的善良是错的，尽管善良没有明确的标准，但是却有一个恰当的尺度。那些脱离了善良的聪明等同于狡诈，是非不分的善良等同于愚蠢，即向左是狡诈，向右是愚蠢。所以，善良是需要坚持原则的。生活中很多事情都需要有原则，这个原则就是事情的规范，也就是事情的底线，不管事情发展到怎么样的程度，都不能逾越这个底线，否则就是违背了事物发展的规律。

对某些人而言，向左走就是狡诈，这样的人不善良但聪明。她们可以被称为女人中的"妖精"，做事善于心计，从来不考虑他人的感受。尽管她们很聪明，但她们并不爱这个世界，做事往往只是为了满足自己的欲望。或许，平时她们看起来与常人并没有什么不一样，甚至会面露微笑，看起来也比较面善，但是没有人能读懂微笑背后隐藏的真实心理。表面上看，她们对任何人都是和蔼可亲的，那看起来天真无邪的笑容也可以很好地作为掩饰，使她们赢得比怀疑更多的信任。这样的人可以经营好自己的生活，不过这样的生活却往往建立在伤害别人的基础之上。

阿敏和小娟两个人在同一家公司上班，平时关系相处得很不错。因为小娟才到公司，而阿敏已是公司里的老资格，所以，平日阿敏会在工作、生活方面尽可能地帮助小娟。年终的时候，公司策划了一次广告方案评比，只要是公司的员工都可以准备一份方案，优胜者有奖。小娟觉得这是一个好机会，可以展现自己的才华。她经过了半个月的准备，加上平时自己对市场工作的观察思考，很快做出了一个出色的方案。

方案征集截止日期，阿敏忽然叹了一口气："哎，小娟，我还真有点紧张，心里没有底啊。要不，你帮我看看方案，提提意见，看有什么需要修改的地方。"小娟想都没想就答应了，她看了阿敏的方案后觉得很一般，没有什么创意，可又不好意思说什么。阿敏用探究的眼光盯着小娟，说道："让我也看看你的方案吧。"小娟心里一阵懊悔，可是自己才看了人家的，现在没有理由不让她看。好在明天就要开评比大会了，阿敏就算想改也来不及了。

第二天的评比大会，主要是以资历的次序发言，阿敏因为资历老，所以在小娟前面发言。阿敏讲述的方案跟小娟的一模一样，在讲述的时候，她解释说："很遗憾，我现在只能口述我的方案，因为电脑染了病毒，文件被毁了，我会尽快整理出书面材料。"小娟听得目瞪口呆，她没想到阿敏会抢占自己的劳动成果，她不敢把自己的方案交上去，也不敢申诉，因为自己资历浅，怕上司不相信自己，只好伤心地离开了这家公司。

而阿敏的方案虽然获得了上司的认可，但因为方案毕竟不是她自己的，有些细节不清楚，在执行时出了很多漏洞，又无法及时修正，结果很失败。后来，上司得知了事情的真相，就直接开除了阿敏。

　　阿敏表面上很照顾小娟，把小娟当朋友，取得了她的信任，反过来却这样对待她，无情地抢占了小娟的劳动成果，阿敏身上这种脱离了善良的聪明其实就是奸诈。从来不会顾及对方的感受，一心只想为自己谋私利，通过不择手段来达到自己的目的，最后看似成功了，却落得个众叛亲离的下场。

　　而另有一些人看起来很善良，却总是是非不分。当人贩子被抓之后，这些人总是同情地说："他们也是迫于生计，没办法啊，不然谁愿意做这样的事情呢？"如此没有原则的善良并非真的善良，很多时候，还会滋长罪恶。

　　晋国大夫赵简子率领众随从到中山去打猎，途中遇见一只狼挡住了去路。赵简子立即拉弓搭箭，只听得弦响狼嚎，飞箭射穿了狼的前腿。那狼中箭不死、落荒而逃，使赵简子极为恼怒，他驾起猎车穷追不舍。

　　这时东郭先生正站在驮着一大袋书简的毛驴旁边向四处张望。原来，他前往中山国求官，走到这里迷了路。正当他面对岔路犹豫不决的时候，突然窜出一只狼。那狼哀求地对他说："现在我遇难了，请赶快把我藏进你的那条口袋吧！如果我能够活命，今后一定会报答您。"东郭先生看着赵简子的人马越来越近，惶恐地说："我隐藏世卿追杀的狼，岂不是要触怒权贵？然而墨家兼爱的宗旨不容我见死不救，那么你就往口袋里躲吧！"说着他便拿出书简，腾空口袋，往袋中装狼。

不一会儿，赵简子到了，但是没有从东郭先生那里打听到狼的去向，因此愤怒地斩断了车辕，并威胁说："谁敢知情不报，下场就跟这车辕一样！"东郭先生匍匐在地上说："虽说我是个蠢人，但还认得狼。人常说岔道多了连驯服的羊也会走失。而这山中的岔道让我都迷了路，更何况一只不驯的狼呢？"赵简子听了这话，掉转车头就走了。

当人唤马嘶的声音远去之后，狼在口袋里说："多谢先生救了我。请放我出来，受我一拜吧！"可是狼一出袋子却改口说："刚才亏你救我，使我大难不死。现在我饿得要死，你为什么不把身躯送给我吃，将我救到底呢？"说着它就张牙舞爪地向东郭先生扑去。

东郭先生把"兼爱"施于恶狼身上，因而险遭厄运。这则寓言告诉我们，在人与人的关系中，也存在"东郭先生"式的问题。一个人应该真心实意地对待别人，但丝毫不应该怜悯狼一样的恶人。一旦这样的情况发生，善良就变成了愚蠢，那些是非不分而滥施同情的人最终会自食苦果。

♥ 心灵小酌

对每一个女人来说，善良是需要智慧的。既不能做脱离善良的聪明人，也不能做脱离智慧的善良人。善良就是真心待人，不伤害对方，也不让别人伤害自己，不偏不倚，做一个善良且有智慧的女人。

你需要善良，但不能做盲目善良的人

影视作品中常出现这样的女主形象：单纯，对任何欺负到自己头上的事情都表示忍让，含着泪活着，善良得让人心疼。但在现实生活中，人可以善良，但不要盲目。一女孩经常帮朋友排队买东西，但自己上课却迟到了。亲爱的，你可以温暖，但别让温暖灼伤自己。如果你的善良没有原则，对谁都善良，那只会让自己迷失。善良不盲目，需要我们对正确的事情和值得去善待的人温柔以待。

世界上最可怕的人，往往不是恶人，而是盲目善良的好人。有些女人的盲目善良表现在"无知无明"，譬如为了彰显自己的善良，相约一起去放生，结果把陆龟放到水里，导致陆龟被活活淹死；还有的人道听途说了一些偏方，就到处推荐给别人，这样的善良是极其无知的。还有一种盲目善良就是道德绑架，逼迫别人捐款，好像不捐款就是十恶不赦的人。当善良变成强制，它就已经不是善意，而是以爱之名，捆绑了自己和他人。

玛丽和苏珊是一对很要好的朋友，感情好得可以穿同一条裤子，除了男朋友，其他一切都可以分享。

玛丽的男朋友是一个不折不扣的渣男，两人在一起的时候，男朋友曾毫不掩饰地说："我想去傍富婆。"有一段时间，他还真傍到了富婆，然后跟玛丽说："亲爱的，我还是最爱你，不过为了钱暂时跟另外一个女人在一起，你先委屈一下吧，等我骗到了钱，再回来和你在一起。"玛丽就这样被男朋友甩了，哭着把分手的过程告诉苏珊，苏珊很生气，痛骂渣男。

没过多久，玛丽跟男朋友复合了。因为那富婆只是跟他逢场作戏，于是他就回来找玛丽。玛丽毫不犹豫地回到了男朋友的怀抱，每天都表现得很幸福的样子。苏珊不忍朋友被伤害，劝她别被渣男的花言巧语所迷惑。玛丽对这些话总是听不进去，不仅如此，她还将这些话毫无保留地复述给自己的男朋友，结果玛丽的男朋友开始对苏珊很有意见，彼此的关系也很尴尬。后来渐渐地，苏珊和玛丽的联系越来越少，再后来，听到两人再次分手的消息，苏珊也没有再过问。

玛丽盲目的善良，最终不仅伤害了自己，也伤害了关心她的朋友。有些盲目的善良实际上是在捆绑自己，得不偿失。相似地，《儒林外史》里的杜少卿对谁都慷慨，久而久之，周围的人什么事都找他要钱，杜少卿最终散尽家财，一无所有。

💗 心灵小酌

当一个人的善良没有原则、毫无节制，那就会成为最大的恶。女人，需要善良，但不能做盲目善良的人。因为有可能你的盲目，恰恰会伤害自己，同时也会伤害别人，这样的结果是令人痛心的。

真正的善良，先要告别自以为是

女人应该记住，有些善良不过是你自以为是的想法。有些人做事总披着善良的外衣，因此很容易得到许多人的理解和宽容。诺贝尔经济学奖获得者哈耶克说："世界上的坏事主要是好人干的，坏人只能干小的坏事。"善良，有时候是人们的自以为是。这些善良的人通常会说："我们的出发点是好的。"然而，正是这样一些人给别人和世界造成了伤害。而且，他们的出发点大多数是好的，只是"好心办了坏事"。

1990年，美国社会学家鲍迈斯特花了整整五年时间来研究"为何存在恶"，然后撰写了《恶：在人类暴力与残酷之中》一书，在书中他指出恶的根源：对物质财富的追求和贪婪（追求权力也是重要的表现形式）；遭到威胁的自负；恶棍、暴徒、罪犯多具有"高度的自尊"；理想主义；追求淫虐狂似的快乐（比例最小）。

鲍迈斯特说："上帝的理想，并非真主的理想；你们的理想，既不是我们的理想，也不是他们的理想。凡是人的理想，没有不带主观偏好的……几乎总是好人给世界带来最大的破坏，许许多多严重的罪行、暴行、灾祸，都是那些本来想把事情办好的、诚实正直的人带来的。"历史上有很多这样的例子。在这些人看来，既然自己的理想是美好的，那么凡事不顺从自己的便是丑陋的。所以，自以为是的善，比什么都可怕。

在一个电视节目《你会怎么做》中，有一期是让一名工作人员在晚上演一个醉酒的女孩倒在路边，然后安排另一名工作人员扮演一个心怀不轨的陌生男人，上前去拉扯女孩并强行将她带走的画面，然后考验路边过往行人对于这种情况的反应，这时只见一位大妈苦苦相劝女孩和那个男人走，并说道："他是好人啊，不然谁会管你，赶紧跟他走，让他送你回家。作为一个女孩，喝这么多酒，一点都不自爱，赶紧回去。"

试想，如果这一幕是真实发生的，那这将是令人痛苦的悲剧。那位本来可以出面制止的大妈因自以为是的善良，甚至可能毁了这个女孩的一生。2016年1月，德国评选2015年年度恶词，排名第一的恶词竟然是：好人。或许有人觉得奇怪，但事实正是如此。

在生活中，我们最讨厌听到一句话——我是为你好。事实上，我们平时遇到的麻烦往往来自那些自以为是的善良人："你别跟那个人交往了，他看起来并不是什么好人""这件衣服一点品位也没有，真丑""你看的全是没什么营养的书"……而当我们想开口辩驳时，他们便会说："我是为你好，换作其他人，我才懒得管呢。"这样自以为是的好人，在我们身边无处不在，他们总喜欢将自己的价值和兴趣爱好强加在别人身上。这个行为就好像在告诉身边人：我喜欢的东西，你就应该喜欢；我讨厌的东西，你也应该讨厌。

《美人心计》里，刘盈离开皇宫时，泣不成声地对吕后说："儿臣知道母后是为儿臣好，可母后有没有想过儿臣想要什么，什么才能使儿臣获得真正的快乐？"

吕后："难道还有比做天子更让人快乐的吗？"

刘盈："一个人喜欢什么，不喜欢什么，只有自己知道，别人替代不了。"

生活中，女人与人相处，最好别秉持"自以为是的善意"。真正的善良应该是启迪、包容，而不是"我说的是正确的，你必须听我的"。在这个世界上，最不缺乏的就是自以为是的善良。你不是他，你怎么知道他的喜好呢？子非鱼，焉知鱼之乐。

《西游·降魔篇》里有这么一段：

一位村民被妖怪吃掉后，道长抓住一条长相狰狞的鱼说："这就是吃人的妖精。"

玄奘告诉村民："这不是凶手。"道长立马义正词严地骂道："一个好爸爸被妖怪残杀，无辜的受害者痛不欲生，你还说出这样的话，你……你个混蛋。"受害者老婆无比愤怒："你有没有死过老公？"于是，群情激愤的村民把唐僧吊了起来。

电影看起来滑稽，但是有时候，人们对善良的定义就是这样肤浅。自以为站在善意的一方，便肆无忌惮地对其他人和事妄加评断。至亲的逝世本是一件令人伤心的事，但仅因为有人没有流泪就被吃瓜群众评论："这孩子，一点也不伤心，真是白费他父亲的一片抚养之情啊！"在这个时候，并不是当事人的自己，又怎么会知道对方心里在想什么呢。以爱为名，很多人就这样变成了"别人的判官"。

心灵小酌

女人在表达善良时请理智一点，多想想施善的结果。真正的善良，是以接受者为中心，真正考虑到对方需要的是什么，而不是自以为是地想当然。善良本身没有错，但如果加上主观的判断，往往会成为自以为是的善。

选择善良，但也要聪明

女人应该明白，善良是一种选择。生活是需要善良的，因为它是维持生活正常运行的润滑剂，可以使人与人之间充满温暖与呵护。优秀的女人必须是善良的，当然最好是又聪明又善良。

善良且聪明的女人，懂得爱自己和爱别人，可以游刃有余地应对纷繁的生活，她们很清楚自己应该做什么，不应该做什么，追逐真正属于自己的幸福，即便受伤了也会很快振作起来；只是善良但不智慧的女人，天真无邪，心无城府，总是把事情想得太简单，凭借自己的幻想去征服人生，一旦受伤很难恢复；只有聪明但不善良的女人，总会用聪明的头脑去算计，喜欢占便宜，以为自己能拥有整个世界，其实最后什么也得不到。所以，如果说聪明是女人的天赋，那么善良则是一种选择。

聪明难，善良更难。而做一个善良的聪明人，或做一个聪明的善良人，更是难乎其难。早在1946年，胡适在北大开学典礼上就讲过："我送诸君八个字，这是与朱子同时期的哲学家、文学家吕祖谦说的'善未易明，理未易察'。"

聪明的女人是明理的，然而理未易察，所以聪明很难。善良者总是知道什么是善，然而善未易明，所以善良也难。西晋时期，贾南凤残忍地杀人剖腹，而杨皇后却自告奋勇地跑出来，替残暴的贾南凤说好话，结果导致天下大乱，自己也被贾南凤囚禁饿死，三族并夷，这难道是善良吗？

我听过一个有关吸烟的广告。我记不得细节了，但是广告大意是说，每吸一口香烟会减少几分钟的寿命，大概是两分钟。无论如何，我决定为祖母做个算术。我估测了祖母每天要吸几支香烟，每支香烟要吸几口等，然后心满意足地得出了一个合理的数字。接着，我碰了碰坐在前面的祖母的头，又拍了拍她的肩膀，然后骄傲地宣称，"每吸两分钟的烟，你就少活九年！"

我清晰地记得接下来发生了什么，而那是我意料之外的。我本期待着小聪明和算术技巧能赢得掌声，但并没有发生。相反，我的祖母哭泣起来。我的祖父之前一直在默默开车，把车停在了路边，走下车来，打开了我的车门，等着我跟他下车。我心想，我惹麻烦了吗？我的祖父是一个智慧而安静的人，他从来没有对我说过严厉的话，难道这会是第一次？还是他会让我回到车上跟祖母道歉？我以前从未遇到过这种状况，因而也无从知晓会有什么后果发生。我们在房车旁停下来，祖父注视着我，沉默片刻，然后轻轻地、平静地说："有一天你会明白，善良比聪明更难。"

对此，杰夫·贝佐斯说："聪明是一种天赋，而善良是一种选择。天赋得来很容易——毕竟它们与生俱来。而选择则颇为不易，如果一不小心，你可能会被天赋所诱惑，这可能会损害到你做出的选择。"

♥ 心灵小酌

善良与智慧必须两者兼具，没有智慧的善良一旦成为习惯，那么最终受到伤害的只能是自己，而且付出越多，受到的伤害就越多。善良是女人的优点，不过假如这种善良过度了，抛弃了聪明，那就变成缺点，成了软弱。

第02章

软柿子被人捏

强大起来，别总是当

曾有人对女人有这样的评语："女人的名字叫软弱。"长相面善，性格敦厚的女人真的只能当软柿子吗？女人应该拒绝这个称号，一旦你变得软弱了，就会给那些欺软怕硬的人有可乘之机。那么，总是不由自主地当软柿子被人捏，你是否内心深处藏着好人情结呢？

想要被肯定，所以习惯性答应别人

美国心理学家威廉·詹姆士曾说："人类本质中最殷切的需求就是渴望被肯定。"不管对大人还是孩子，肯定他、赞美他都是调动其积极性的好办法，因为肯定和赞美是人的心理需要。无疑，人们迫切需要被人肯定，所以他们在面对来自对方的请求时，往往会在受到肯定或接受赞美之后选择应承下来。美国心理学家马斯洛认为，人有生理需要、安全需要、人际关系需要、尊重和荣誉的需要、自我实现的需要而想要被肯定，正属于其中最高层次的"自我实现的需要"。在生活中，一个人除了最基本、最原始的食物需要外，还有渴望别人的肯定和赞美的需要，这是高级的需要。在生活中，许多人总是答应一些自己不愿意答应的事情，原因就是基于自己渴望被肯定。

有一次，曾国藩用完晚饭后与几位幕僚闲谈，评论当今英雄。他说："彭玉麟、李鸿章都是大才，为我所不及。我可自许者，只是生平不好谀耳。"一个幕僚说："各有所长：彭公威猛，人不敢欺；李公精敏，人不能欺。"曾国藩又问："你们以为我怎么样？"众人皆低头沉思。忽然走出一个管抄写的后生过来插话道："曾师是仁德，人不忍欺。"

众人听了齐拍手。曾国藩十分得意地说："不敢当，不敢当。"后生告退而去。曾氏问："此是何人？"幕僚告诉他："此人是扬州人。入过学，家贫，办事还谨慎。"曾国藩听完后说："此人有大才，不可埋没。"不久，曾国藩升任两江总督，就派这位后生去扬州任盐运使。

众人皆知，曾国藩自认为自己"仁德"，都希望大家附和他，都希望他的仁德能够得到大家的认可。那位后生，真可谓是区区一句话，胜读十年书。正是他抓住了曾国藩自以为"仁德"这一点，投其所好地进行了赞美，才使曾国藩无法拒绝，于是对其予以重用；正是因为渴望肯定与赞美，所以人们没办法拒绝来自别人的请求。

美国著名作家马克·吐温曾经夸张地承认：一句美好的赞扬，能使他不吃不喝活上两个月。当我们听到别人的赞美时，根本无法抑制内心的冲动，以至于甘愿俯首，尽心尽力地做事，毫无怨言。或许，本来我们是不那么愿意帮忙的，但在听到对方的肯定与赞赏之后，便会觉得飘飘然，因为我们内心太想得到这些肯定了，所以即便是上刀山下火海也会无怨无悔。

卡内基的副手派伯中校是一位有些古怪、有些可爱的人。有一次，卡内基正准备在圣路易斯的某个地方为公司刚修好的一座桥征收税款。在这个关键时刻，中校派伯却突然想家了，他头脑一热，就想搭夜班车马上回匹兹堡。眼看卡内基的计划就要毁于中校心血来潮的行为之下了。

就在这个关键时刻，卡内基灵光一闪，他没有乞求中校留下来帮他把事情办好。相反，他不动声色地和中校谈起了另一个话题。平时，他就注意到中校特别喜欢名马，并且对名马颇有研究。于是，卡内基就对中校说，以前他听人说过，圣路易斯专门产名马，因此一直想给他的姐妹买匹好马，以供她们驾车，所以，他请求中校帮他挑匹好马，暂时不要急着回家。听了卡内基的话，这位可爱的派伯中校果然心甘情愿地留下来了。

在这个案例中，派伯本来是不愿意留下来的，但是他喜欢名马，而且对名马颇有研究。当卡内基对他说："以前我听人说过，圣路易斯专门产名马，因此一直想给我的姐妹买匹好马，以供她们驾车，所以，我请求中校帮我挑匹好马，可以吗？"在这个请求中，一方面可以看出卡内基对派伯关于马的研究的肯定；另一方面带着请求的意味，两者都是对派伯本人的一种欣赏与肯定，派伯自然无法拒绝，他就这样留了下来，而且没有一丝抱怨的情绪。

有一位教育学博士曾在一所学校做过一个著名的试验：新学期开始时，博士让校长把三位教授叫进办公室，对他们说："根据你们过去的教学表现，你们是本校最优秀的老师。因此，我们特意挑选了一百名全校最聪明的学生组成三个班让你们教。这些学生的智商比其他孩子都高，希望你们能让他们取得更好的成绩。"

三位老师都高兴地表示一定尽力。校长又叮嘱他们，对待这些孩子，要像平时一样，不要让孩子或孩子的家长知道他们是被特意挑选出来的，老师们答应了。

一年之后，这三个班的学生成绩果然排在整个学区的前列。这时，校长告诉了他们真相：这些学生并不是刻意选出的最优秀的学生，只不过是随机抽调的最普通学生。老师们没有想到是这样，因此都认为自己的教学水平确实很高，才使学生们如此出色。

这时校长又告诉了他们另一个真相，那就是：他们也不是被特意挑选出来的全校最优秀的教师，只不过是随机抽调的普通老师罢了。这个结果正是博士所料到的，因为这三位老师都认为自己是最优秀的，并且学生又都是高智商的，感受到了校长对自己能力的肯定，因此对教学工作充满了信心。

最终的真相，其实教师和学生都是普通的，都是随机挑选出来的，但是依然能使学生的成绩名列前茅。当然，其中离不开老师和学生的努力，但最重要的还是老师们的能力被肯定了，他们对自己的教学充满了自信，而激发出无限的潜力。

心灵小酌

在生活中，你是否因为对方的肯定而无法拒绝呢？尽管你不愿意承认，但事实就是如此。因为来自内心最深层次的需求，所以一旦自己被肯定了，那就再也没办法把"不"说出口了。

一味地付出，来自你的心理偏差

在生活中，总有一些女人默默工作，无私奉献，但这样的人往往不吃香，付出最多，但得到的怨言也最多。她为朋友两肋插刀，有求必应，但偶尔有一次无法满足朋友的要求，便会落下不好的名声；恋人之间，视对方为生命，无限付出，可对方觉得天经地义，接受得心安理得。因为总是习惯付出，一旦你的付出成了别人的习惯，你所付出的便成了天然的义务，一旦不再付出便会惹来骂名。

其实，比如在公司，努力工作本来是立身之本，不过在自己付出的同时，合理的报酬、奖励、升级、晋职也是应该得到的，付出需要回报，不要当埋头苦干的傻瓜，属于自己的权利也要争取。

小瑶是一位善良的女孩子，她爱帮助朋友，每当朋友提出什么要求，她总是尽自己最大的努力去帮助对方，从来不拒绝，也不会有什么怨言。所以，朋友有事情，定会马上向她求助，她渐渐成为朋友的拐杖。

有一次，小瑶还在公司上班，朋友打电话来，说自己忘记及时还信用卡了，现在就只有一个小时的时间了，但手里又没那么多钱，希望小瑶能够帮忙。小瑶二话不说，挂了电话就请假急匆匆赶到银行帮朋友还信用卡。尽管后来朋友再三表示感谢，但小瑶还是被老板说了几句。小瑶天真地想：为了朋友，付出点没什么。

渐渐地，朋友养成了习惯：失恋了，在电话里哭着向小瑶求救，于是，小瑶马上出去，随叫随到，不管是烈日炎炎，还是凌晨三点；工作不顺心了，一个电话打过来就是半个小时，小瑶总是耐心地听着，哪怕自己还在赶写文案；需要借钱了，朋友总是第一个向小瑶求救，希望她能帮助自己渡过难关，这时小瑶会将自己身上所有的积蓄都借给朋友。

但是小瑶有时也会不开心：自己跟男朋友吵架了，打电话想和朋友诉诉苦，可朋友却说"我在外面逛街呢，一会再说吧"；自己工作不顺心，希望能跟朋友聚聚的时候，朋友总是说"不好意思，我没时间"；自己经济紧张时，还没来得及向朋友开口，朋友就说"我最近手头比较紧"……

到头来，这段友情不过是小瑶自编自演的"深情"，因为习惯了付出，所以她总是无法拒绝朋友的请求，一次次心软，她再也没办法拒绝。

为朋友两肋插刀是应该的，不过要看我们面对的是什么样的朋友。有些所谓的朋友喜欢占便宜，往往会利用我们的善良、心软，一次次把他们的要求强加给我们。尽管我们在很多时候很无奈，但碍于面子还是会一次次满足对方的要求。

事实上，一味地索求就是变相勒索。由于自己付出成为习惯，朋友同事就愿意找我们帮忙，找我们的人多了，就会成为自己的负担，常常令我们不堪其扰。这时我们应该反思自己是不是过于心软，是不是让付出已成为我们的一种习惯。一切的付出应该适可而止，对朋友也是如此。

初入职场，露露谨记母亲的教诲。领导布置的任务，她即使加班加点，也总会按时完成。和领导打交道的时候，她总是小心翼翼，生怕说错一句话，做错一个动作，让领导不开心。与领导同行时，总让领导走前面，双手给领导递东西……有两次在会议室开会，露露看到领导端着茶杯，就主动提出去加点水。在场的两个女同事还一边笑，一边开玩笑地说露露"很懂事"。

　　同事们需要什么帮助，露露即使很为难，但也从不说"不"。在公司，和露露分担工作的苏姐，比露露先来公司两年多，露露礼貌地称她苏姐。露露入职一个月左右时，领导吩咐苏姐加班，但苏姐私下求助露露，说家里有事，希望她帮忙顶一下。"我当时想都没想就答应了。"露露为此推掉了和姐妹的饭局，当晚在公司加班到9点多才回家。之后，苏姐只要遇到不想干的事情，都会直接甩给露露。露露很生气，虽然心里不愿意，但面对同事的要求，她还是挤出了笑容。

　　露露觉得自己一到办公室，就变成了一个没有主见的人。然而，即使心里很窝火，她也一直说服自己，吃点亏至少换来了同事的好印象。可是上个月，露露无意中得知，这个苏姐和另外两个女同事在背后议论她，说她假惺惺，喜欢拍马屁。

　　如今，露露已经一个星期没去上班了，她觉得很委屈，自己对人客气居然被大家误解，她不知道该怎么与同事相处，干脆把自己一个人锁在屋里。

　　当过度付出成为习惯，对自己对他人都没有好处。在家庭中习惯一味地付出，最终使亲情受损；在公司只付出不索取，最后影响自己的薪资、前程；友情中不讲原则付出，最终影响两人之间的情谊；爱情中一味地付出，最后未必换来对方的真心，甚至落个难堪的下场。

　　过分付出是一种病，露露之所以这样，是源于对自己能力的不自信。当露露对自己的能力产生怀疑的时候，她就会通过领导和同事的赞誉来获得成就感和安全感。同时，因为内心自卑，她不敢在公司说出自己的看法，永远都跟随着众人的意见。

许多刚刚进入职场的新人，开始工作时都会不自信，觉得公司不需要自己，领导同事也不认可自己。这时新人可以尝试着与同事交流，让对方评价自己的工作情况，然后从中找到自信。

我们要在真诚地做自己和尊重他人之间找到平衡点，不要过于迎合他人一味地付出。毕竟，每个人的成长背景、生活习惯都不同，有不同的想法和观点也是很正常的。人与人之间，也不会因为一个观点的不同就闹不和。

心灵小酌

难道拒绝对方就是犯错吗？不管是在工作还是生活中，都不要过于要求自己做一个完美的人，有时候说错话、做错事是很正常的，拒绝对方也是自己应有的权利，只要在这个过程中不断成长就好。

哪有什么"没有功劳，也有苦劳"

在工作中，许多人不懂得拒绝，原因是他们以为苦劳就是功劳，自己做的事情越多，功劳就越大。我们经常会听到有人这样抱怨："领导真是太不公平了，我为公司干了这么多事情，在公司工作这么多年，没有功劳也有苦劳啊，凭什么我就拿这么一点工资，拿如此少的提成。"其实，这些平日不懂拒绝而又非常忙碌的人，应该反省一下自我，你到底为公司创造了多少价值呢？

其实，许多人在公司表现平平，毫无建树，他们可能在一个岗位上工作十几年，每天忙忙碌碌，对领导和同事的请求从来不拒绝，但其本职工作却毫无创造性与想象力。市场以无情的态度淘汰落后的企业，这迫使企业以结果为目标，以利润为宗旨。杜邦公司第三任总裁亨利·杜邦为自己的企业制定了一个法则："企业利润高于一切。"在这个法则下，所有人一律平等，即使是杜邦家族的成员，如果没有为杜邦创造利润，照样会被解雇。

在商业理念中，企业看重的是结果与功劳，看重员工能给企业带来多大的贡献。比如，同样两名员工，做同样的事情，公司领导看的是谁在最短的时间做出最满意的成品，而不是谁加班加点做了事情，功劳体现了员工的能力与智慧，而非工作中的辛苦。毕竟，功劳是有效的业绩，苦劳则可能是无效的消耗。

在古罗马时代，一个叫哈德良的皇帝非常智慧，深谙用人之道。在他身边有一个忠心耿耿的将领，跟随自己南征北伐，付出了不少血汗。

有一次，这位将军对皇帝说："尊敬的陛下，我觉得我应该成为一方统帅，因为我跟随你参加过非常重要的十次战役，我觉得我作战经验非常丰富，可以镇守一方。"哈德良皇帝明白，这位将领尽管骁勇，不过没有统帅之谋，只适合冲锋在一线，不能运筹帷幄。如何告诉他呢？于是，哈德良皇帝指着周围的驴子对这位将军说："将军，这些驴子至少参加过二十次战役，但它们还是驴子。"

在哈德良皇帝眼中，这个将领只有苦功，没有功劳，作战的经验与资历固然重要，不过这并不是衡量能力的标准。员工在公司其实也是一样的道理，哪怕你俯首甘为孺子牛，尽心尽力为公司做事，甚至从来不拒绝领导和同事的请求，但只要你的工作没有一定的质量，那就只是苦劳而不是功劳。所以，当我们面对领导和同事的请求时，你是否考虑到这些是零碎的琐事还是重要的工作呢？权衡之下，再做出决定。

在公司里，即便你每天十分繁忙，但并不意味着你就是公司最大的功臣。假如你是一个不善于拒绝的人，每天所做的事情都是领导交代的小事以及同事的请求，那你根本没花太多时间在工作上。这样一来，领导反而会觉得你根本不适合晋升，因为你连最起码的拒绝都无法做到，又如何胜任更好的工作呢？

心灵小酌

在工作中，对于领导和同事吩咐的工作分外事，职场女性需要合理地进行拒绝，否则就难免会成为办公室里最忙碌的人，但却耽误了本职工作的进程。这样一来，你或许是有苦劳的人，但并非有功劳的人。

自卑的内心，让你总是被欺负

善良的女人，总感觉自己被欺负，其实那是因为你内心不够强大。现代社会是一个开放和竞争的年代，人际交往越发频繁，在性格因素中，缺少自信，缺少对情绪的驾驭能力，而又时不时地感到自卑，那么你就没办法表达出明确的态度，以至于"人善被人欺"。对于这样的人，即使有再多的才华，恐怕也难以获得广阔的施展空间。心理学教授说，自卑是一种消极的自我评价或自我意识，即个体认为自己在某些方面不如他人而产生的消极情感。自卑感就是个体对自己的能力、品质评价偏低的一种消极的自我意识。具有自卑感的内向者总认为自己事事不如人，自惭形秽，丧失信心，进而悲观失望，不思进取。

三毛是我国著名的作家，她小时候是一个非常勇敢而又聪明活泼的女孩，在她12岁那年，以优异的成绩考取了台北最好的女子中学——台北省立第一女子中学。在初一时，三毛的学习成绩一直不错，可到了初二，数学成绩却直线下滑，几次小考中最高分才得50分。这让三毛心里很自卑。

但聪明而又好强的三毛发现了一个考高分的窍门。她发现每次老师出小考题，都是从课本后面的习题中选出来的。于是三毛每次临考前，都把后面的习题背过。因为三毛记忆力好，所以她能将那些习题背得滚瓜烂熟。这样，一连六次小考，三毛都得了100分。老师对此很怀疑，决定要单独测试一下三毛。

一天，老师将三毛叫进办公室将一张准备好的数学卷子交给三毛，限她10分钟内完成。由于题目难度很大，三毛得了零分。老师对她很是不满。

接着，老师在全班同学面前羞辱了三毛。他非常恶毒地说："你爱吃鸭蛋，老师给你两个大鸭蛋。"

他用蘸满墨汁的毛笔在三毛眼眶四周涂了两个大圆圈。因为墨汁太多，它们顺着三毛紧紧抿住的嘴唇，渗到她的嘴巴里。老师又让三毛转过身去面对全班同学，全班同学哄笑不止。然而老师并没有就此罢手，他又命令三毛到教室外面，在大楼的走廊里走一圈再回来，三毛不敢违背，只有一步一步艰难地将漫长的走廊走完。

这件事情使三毛丢了丑，她又没能及时调整过来。于是开始逃学，当父母鼓励她要正视现实，鼓起勇气再去学校时，她坚决地说"不"，并且自此开始休学。

休学在家的日子里，三毛仍然不能从这件事的阴影中走出来，当家里人一起吃饭时，姐姐弟弟不免要说些学校的事，这令她极其痛苦，以后连吃饭都躲在自己的小屋，不肯出来见人，就这样，三毛患上了少年自闭症，渐渐产生了自卑的心理。

少年时期的这段经历，影响了三毛的一生，在她成长的过程中，甚至在她长大成人之后，她的性格始终以脆弱、偏颇、执拗、情绪化为主导。这样的性格对于她的作家职业可能没有太多的负面影响，但却严重影响了她人生的幸福。

1951年，英国人富兰克林从自己拍得的脱氧核糖核酸（DNA）

的X射线衍射照片上发现了DNA的螺旋结构，在这之后，他对这一发现做了一次演讲。然而，由于富兰克林生性自卑，缺乏自信，居然开始怀疑自己的假说是错误的，从而放弃了这个假说。

1953年，在富兰克林之后，科学家克里克和沃森，也从照片上发现了DNA的分子结构，提出了DNA双螺旋结构的假说，因此获得了1962年度诺贝尔医学奖。可想而知，如果富兰克林不那样自卑，而是坚信自己的假说，进一步深入研究，这个伟大的发现肯定会以他的名字载入史册。康拉德·希尔顿曾说，许多人一事无成，就是因为他们低估了自己的能力，妄自菲薄，以至于缩小了自己的成就。

自卑是一种长时期的心理状态，有自卑心理的人，就如同披着海绵在雨中行走一样，包袱会越来越重，直至压得人喘不过气。

其实，战胜自卑并非难事。不要过于看重一次的失败与丢丑，不要因先天的缺陷而抬不起头，而要在生活中报以平和的心态对待周围的人和事情，慢慢地，当你鼓起自信的风帆、划动奋斗的双桨的时候，一定会发现一个生气勃勃的你，一个潇洒自如的你，一个成功的你！

自卑会让人心情低沉，郁郁寡欢，常因害怕别人瞧不起自己而不愿与别人来往，只想与人疏远，缺少朋友，甚至自疚、自责、自罪；自卑者做事缺乏信心，没有自信，优柔寡断，毫无竞争意识，享受不到成功的喜悦和欢乐，因而常感到疲劳，心灰意懒。被自卑感所控制的人，精神生活将会受到严重的束缚，聪明才智和创造力也会因此受到影响而无法正常发挥作用。解除自卑的禁锢，才能让自己收获成功和快乐。

心灵小酌

对女人来说，自卑的内心不够强大，便无法使自己自信。事实上，自卑是束缚创造力的一条绳索，是阻碍成功的绊脚石。种种这些消极的反应都表明，自卑的心理促使一个人在人生道路上常走下坡路。

将自己装在套子里，你真的开心吗

有时候，女人总过度依赖自己的舒适区，每天活在自己的世界里，如同一个装在套子里的人，不愿意开始新的生活。一个人总是要看陌生的风景，结识陌生的人，甚至生活在一个陌生的环境里。因为这个世界是变幻莫测的，如果我们固执地待在最初的原点，那么，我们将不能适应这个世界的变化，并会逐渐被这个世界所淘汰。

当然，对于大多数人来说，他们更喜欢接触熟悉的人和事，因为熟悉，就少了内心的那份恐惧。在陌生的人和事面前，人们往往会乱了阵脚，多了胆怯，他们不知道自己该说什么话，该做什么事情，他们甚至根本不知道自己应该把手放在哪里才好。

"陌生"这个词常常会唤起人们内心的胆怯，他们害怕去接触，更害怕自己从一个熟悉的环境到一个全新的环境。其实，这样的心理是可以理解的，从陌生到熟悉，需要一个漫长的过程。但是，如果你换一个角度，就会发现，所谓的"陌生"其实相当于一个新奇的探索之旅。在陌生的环境里，你会结识新的朋友，新的同事，会有一种新的生活方式，或许你早就厌倦了以前那种循规蹈矩的生活，为什么不趁着这个机会改变呢？在适应陌生的过程中，其实你一直都能体味到那种"新奇"的快乐，因为所有的一切对于你来说都是未知的、新鲜的，自然也是乐趣无穷的。

成功大师拿破仑·希尔曾讲述过一个这样的故事：

一位将军去沙漠参加军事演习，妻子塞尔玛需要随军驻扎在陆军基地里。沙漠干燥高热的气候，全然陌生的环境，都令塞尔玛感到很难受，可身边又没有可以倾诉的人，陷于孤独的塞尔玛经常给父亲写信，在信中透露出自己想回家的强烈愿望。然而，拆开父亲的回信，只有短短的两行字："两个人从牢中的铁窗望出去，一个看到了泥土，另一个却看到了星星。"父亲的回信令塞尔玛十分惭愧，她决定要在沙漠里寻找星星。

从此以后，塞尔玛开始与当地人交朋友，彼此之间互赠礼品，闲来无事，她开始研究沙漠里的仙人掌、海螺壳。慢慢地，她迷上了这里，通过亲身的经历，她写了一本名为《快乐的城堡》的书。

沙漠并没有改变，当地的印第安人也没有改变，是什么使塞尔玛的生活发生了巨大的变化呢？心态，当然是心态，以前惧怕陌生的塞尔玛看到的只是泥土，但是，当这样的心态发生变化之后，她开始慢慢适应这个陌生的环境，并在体味中追寻到了快乐，甚至在沙漠里找到了星星。

王太太热衷于广结朋友，而她最擅长的就是与陌生人打交道。有朋友问她："面对陌生人，你不害怕吗？"

王太太哈哈大笑，回答说："我这个人可从来不提倡'不要和陌生人说话'，相反，我觉得与陌生人聊天乃是人生的一大乐趣。前不久我回老家，坐在拥挤的大巴车里，人们用熟悉的乡音聊天，一位年逾70岁的老大爷跟我们讲了他参加革命的故事，我就特别喜欢，时而询问两句，看着他那颤动的皱纹，我觉得自己又多了一个陌生的朋友。虽然，下车后我们各走各的，可能以后都不会再见面，但是，他所讲述的那些故事，以及他这个人，都有可能成为我讲给别人的故事，我仍记得，我曾跟这样一个陌生的大爷在一辆破旧的大巴车上热情地聊天。"

朋友笑了，问道："也难怪你为什么能说那么多好听的故事，不认识你的人还以为你经历了很多事情呢？"王太太笑着说："其实，那些故事都是来源于陌生人。人们常说'行万里路'，事实上，我与那些不同的人打交道，听不同的故事，认识不同的人，我又何尝不是行万里路呢？所以，对于我来说，比起那些熟悉的朋友，我有时候更愿意接触陌生人。"

与陌生人结识其实就是一段新奇的旅程，在这段旅程里，你会认识到不同于以往所接触的人，包括他的秉性、长相、说话方式，以及发生在他身上的故事。其实，在这个世界上，对我们来说并没有什么完全陌生的东西，因为一切陌生的事情都会慢慢地变得熟悉。那熟悉的过程，事实上就是体味快乐的过程，有时候，快乐就是如此简单，比如听别人的故事。当你在陌生人面前越来越自如的时候，那就表示你越来越会接受新事物了。

心灵小酌

　　既然，陌生的风景、陌生的人、陌生的环境是我们无法拒绝的，为什么不尝试着去慢慢接受呢？其实，人生一直是在适应中体味快乐，我们又何苦那么惧怕陌生呢？

第03章

毫无态度的善良，别人会觉得理所当然

生活中，总有些善良的女人无差别地对待一切事情，对身边人的要求从来都是有求必应，不好意思拒绝，结果总是被麻烦。当她们对这些事情所疲惫的时候，又会不断埋怨，其实，女人，你的善良需要有点态度。

缺乏态度，让你有处理不完的麻烦

心理学家说："没有态度，憋屈自己；有点态度，特别过瘾。"所以，你得有态度，才能减少人生中不必要的麻烦。如果没有态度，就总会不自觉地进入有求必应的"老好人模式"：把他人的需求摆在第一位，无怨无悔地满足对方的要求，甚至常常因此耽误自己的事情，花掉一些不必要的钱和时间；如果没有态度，总会是由别人做主，总习惯听他人的意见、命令或服从于他们的意图，但自己的内心却常常痛苦不堪，非常不愿意这样做；如果没有态度，就会不停地陷入烦躁的心情，抑或麻痹自己，甚至会思考：难道自己一辈子都要这样痛苦地生活吗？

同事问小露："晚上我们要去吃火锅，要不要一块儿去？"其实她本来想晚上加班，赶一份明天要交的方案，不过又不好意思以明确的态度拒绝同事的邀请，所以想了想，最后有些勉强地说："好吧。"下了班，和几个同事先去吃饭，之后，大家又提议去KTV，她很不想去，但又说不出"不"字，于是又跟着去。

一晃眼已是晚上十点，大家又转而去大排档吃宵夜，一直到半夜两三点才回家。这时小露早已筋疲力尽，根本没有力气赶写方案。于是，第二天一早，对着老板却交不出方案，老板的脸色真是难看到了极点。小露心中真恨自己，懊悔不已："为什么我就是不会说'不'？"

小露在工作与生活中，都没有自己的态度。即使她心里面喊着"不行，不行"，可还是会答应，所以她经常做着自己不愿意做的事情。小露曾经试图与周围的人沟通，不过总害怕别人听了会不高兴。每天早上醒来，小露的心情都很沉重，不知道自己应该怎么办，不过又无法回避这样的生活。慢慢地，小露出现失眠、脱发、心率过速等躯体症状。

哈佛大学曾经做过一项深入的调查，在这份对1000余人追踪了3年的调查中发现：假如一个人有合理的态度，就可以减少98%以上的麻烦，更可以减少大量的个人财富浪费。

相反，假如一个人没有态度，或没有掌握拒绝的技巧，那他就会背负上"老好人""可随便差使的人""从不懂得拒绝的人"的称号。这样的个性，不管是在职场、社会还是家庭中，都会使他浪费大量的时间和精力，吃尽各种苦头。

同时，调查表明，由于自己没有拒绝对方的要求，所以自己的大量时间和财富将不停地被他人随意挪用，导致自己的事情根本无法继续进行，自己的工作和生活也会崩溃，而心理则会陷入痛苦不堪的人生状态。随着自己工作、生活中的各种崩溃不停地叠加，当叠加到一定的程度时，自己就会陷入万劫不复的状态之中……

在生活中，其实每个人都想被关注，成为自己舞台上的主角，实现自己的梦想，体现自己的人生价值。不过，我们经常因为过度渴望这种关注，而过多地在他人面前展露自己的内心世界，过分地渴望他人了解自己，过度地依赖对方，希望对方在本来该自己做出决定的方面代替自己做出决定，甚至因为过多地想了解别人的内心世界，便于获得与别人融为一体的感觉，希望别人依赖自己，希望参与别人的决定，等等。

为了取悦对方，表现得非常勤劳，以为为他们分担压力就可以快速得到支持，赢得一个立足之地。这样的想法是不错的，所以不懂拒绝的老好人总是这样做。不过，他们往往忽视了人性中自私的一面：对方会习惯你的付出，也习惯了"他从来不会拒绝自己的要求"这个事实。当有一天你不愿意这样做的时候，会发现自己马上不受欢迎了。于是，身边的事情多得做不完，自己就好像一头不停拉磨的驴子，完全没办法停下来，因为不懂拒绝，内心非常痛苦，身体也很疲惫，但却有苦说不出，只能自己消化。有的人也会由于担心自己的拒绝或强硬态度会让朋友难过，怕伤害到对方的情绪，所以不得不牺牲自己，委屈自己。这类人之所以不做出拒绝的决定，完全是源于内心的不安和内疚，而不是理性地分析。在日常生活中，他们尽量表现得很顺从，不拒绝，不反抗，是因为担心对方的愤怒，或担心伤害对方的感情。所以，他们只有一种选择：委曲求全，伤害自己。

♥ 心灵小酌

所以，从现在开始重新审视自己的人生吧。战胜自己的"自尊"，与过去的自我对抗，懂得说出自己的想法，学会拥有理所当然的态度，让自己变得开朗、外向、积极起来。

你做那么多，别人只有理所当然

确实，对很多女人而言，要想说出"不"，简直比登天还难。在日常交际中，对于别人提出的要求，很多人都有一个说不出"不"的心理，有时候甚至宁愿自己吃亏也不拒绝，这个是许多中国人的面子心理——不好意思拒绝。拒绝是一门学问。有些时候，我们本来想拒绝的，不过碍于面子却还是点了点头，给自己留下许多的委屈。所以，懂得拒绝至关重要，这有利于提高我们的工作效率和生活质量。

面对接踵而来的要求，不好意思拒绝的结果通常是充满痛苦的："我对每个人都那么好，从不拒绝他们的要求，可他们却把这看成是理所当然的。"现在你可以追问一下自己：在工作生活中，是否没有拒绝他人的不合理要求？判断一下自己的善良到底到什么程度，是随时随地、任何时刻都不会拒绝别人的要求，毫无原则地照单全收，还是只对自己能力范围内的事情不好意思拒绝？假如是前者，那表示你已经陷入了一种十分严重的难堪境地。

有一个旅游团体参观解放军某部，参观完之后，有一个团员求助随场的记者帮自己在不准照相的军事禁区里照一张相。这本来是军事禁区，怎么可以照相呢？

这个记者反应十分灵敏，立即对他说："从感情和友谊上而言，我十分乐意帮助您。但是面对这个规章，我实在无能为力。"没等这位记者说完，那个团员就立刻收回了自己的要求。

在这个案例中，记者是一个非常聪明的人，他所采用的拒绝方法也是极其明智的。这种先"是"后"非"的拒绝方法，与他们的愿望并不是完全对立的，所以在心理上容易被接受，同时也使自己巧妙地实现了自己的目的。

当我们学会适时地对他人说"不"，也就学会跟自己的快乐说"是"了。有人群的地方，就有交往；有交往，就免不了出现麻烦。在日常生活中，我们经常看到这样的人，他无理地向自己提出这样或那样的要求，假如从情理和规范等方面而言，我们应该予以拒绝。但是，考虑到人情，考虑到彼此之间关系的束缚，考虑到全局利益的得失，又不好意思说"不"。

村里有一个人向老唐借一间房子放玉米，可在房子里放玉米，很快就会把房子搞坏。当时，老唐为了不使这个人扫兴，便含蓄地对他说："我这间房子的地板坏了，玉米放在上面，会发霉变质的。等我把地板修缮好了再说吧。"这样，就委婉地把这件事给拒绝了。

善于拒绝，是人际交往的一门艺术与科学。从某种意义上说，善于拒绝有时比欣然给予还重要。善于拒绝，体现了自己的气度，体现了自己的明智。只有善于拒绝，才能使自己进退自如；只有善于拒绝，才能使自己立于不败之地；只有善于拒绝，才能使自己成为一个正直的人。

一位老王曾经批评过的下属，春节期间与老王偶遇。当时，下属买了几斤羊肉和几斤羊骨头，他看到老王后，马上跑过来说："这几斤羊骨头是我最喜欢煲汤喝的，今天送给你，作为我的春节拜年礼。"老王马上接过下属的话茬儿说："这羊骨头既然是你最喜欢的，送给我实在太可惜了，还是你自己留着吧。"老王这种顺水推舟的拒绝，显得非常有涵养，一方面达到了断然拒绝的目的，又不至于伤害对方的面子。

如果你没办法拒绝别人，那原因是什么呢？这需要从源头找解决的办法。是想全方位展现自己的能力？还是想争取这次机会？抑或不想让别人抢去你的功劳？如果这些都不是，那应该是心理方面的原因。其实自己很想拒绝，却实在找不到很好的借口；或是尽管理由很充分，但碍于脸皮太薄不好意思说出口。找到了原因，自然可以对症下药。

有的人做事很少考虑到自己的利益，总会想到别人的需要，这就是出发点的问题。如果我们在拒绝时，每件事都以自己的利益为出发点，在这样的基础上再去考虑其他人的感受，那自己就有足够的勇气去拒绝，甚至提出自己的要求。

答应对方的请求，是一厢情愿地认为对方确实没办法解决，所以才会向自己请求帮助吗？要明白，有些情况下对方也有一定的能力，他不过是想偷懒而已。所以在拒绝时要信任对方的能力，然后将自己的想法原原本本地告诉他。

长时间违背自己的意志，去做一些言不由衷的事情，这样的压力会在内心不断累积，甚至会伤害自己的身体和心理健康，产生情绪效应，传染给自己身边的人，如伴侣、孩子、朋友等。假如无法释放这些情绪，那自己的性格也会变得焦躁不安、易怒。所以，哪怕是为了自己的生理和心理健康，也要把"不"说出口。

如果实在无法拒绝，那就必须要有权利意识，在不好意思拒绝的同时，索取应有的报酬。比如，有的职场新人在工作中承担了所有的工作，并且还做得非常好，却没办法得到应有的报酬。善良的女人从来不思考责任与义务，也不好意思拒绝，所以在自己备受麻烦纠缠的时候，却无法摆脱焦躁的心理。

心灵小酌

假如拒绝对方会使自己难为情，那么就用微笑不语来解决这个问题吧。当对方把不合理的要求说完以后，回报给对方一个微笑。这个微笑，一方面可以缓和紧张的气氛，不至于使对方难堪，又可以使自己免去言语不周而导致的许多麻烦。

你不敢拒绝，因为你太爱面子

许多女人都有这样的生活经历，面对别人提出的问题，尽管自己无能为力，但实在抹不开面子，硬是将事情包揽下来。不论是大事还是小事，只要别人对自己开口，尽管内心是非常不情愿的，但脱口而出的依然是"可以"。在民间流传着一句话，叫作"死要面子，活受罪"，意思是说，人们往往可以为了面子而忍辱负重，宁愿自己吃大亏，吃闷亏也要在面子上过得去。似乎自己有了面子，才能被周围的人看得起。

实际上，这样决定的结果往往会使自己放弃为人处世的一些基本原则，而所谓失去了原则得到的面子可以说是毫无意义的。因为面子，所以明明可以说不，但往往被迫同意对方的请求，宁愿竭尽全力赴约或帮忙，即便自己没有相应的时间或能力。

张女士是一个好面子的人，同事有什么急事，她总是热情地帮助，从来不会说一个"不"字。不过最近却为一件事犯了难：亲戚做生意资金短缺，张女士帮他到银行贷款。

最后，这个亲戚生意没做好，银行贷款没办法按时还上。结果张女士白天去找亲戚讨钱没讨着，晚上回来还得遭老公抱怨。

案例中的故事在社会上很普遍，也就是人们常说的"面子"问题。日常生活中的每个人，都离不开一定的环境而生存，我们在生活的过程中都会遇到这样或那样的问题。有的人从小比较懂事、乖巧，身边的人对他的要求把他推到了担负责任的角色上，时间长了就会形成思维定式。不过由于个人的能力有限，却需要常常满足别人的需求，这很容易给自己心理造成压抑，只好自欺欺人，为自己开脱。

小伟品德好、技术优、为人谦虚、老实，鹤立鸡群的感觉让他感到荣耀，又使他感到孤立。

有一次，同事主动与小伟套近乎，说是带他出去见识见识。于是，先是带小伟去网吧，下饭馆、赌博，后来还带他去了洗浴城接受了异性按摩。虽然小伟开始非常不情愿，不过碍于情面还是跟同事一起去了。结果，一而再、再而三，小伟就这样从一个老好人变成了吃喝嫖赌的小混混。

碍于情面，不会拒绝，让小伟走上了歧途。不过在世界上依然有许多人，在关键时刻拉不下情面，不知道或者不会说一声"不"，这其实是人际交往中的一种误区。心理学家认为，不会说"不"，是人际交往中心理脆弱的表现。这些人在拒绝别人方面存在心理障碍，他们总害怕拒绝了朋友会伤害对方，所以总是委屈自己，成全别人。有的人把人际关系看得过重，以不情愿的方式来讨好或顺从对方；有的人则存在一种虚荣心理，自己本身没有这个能力，却总怕别人看低自己，只好痛苦地硬撑着。

在日常交际中，有的女人为了结交朋友，展示自己的能力，为了赢得周围人的好感，而硬着头皮去答应一些事情。结果不仅会让对方得寸进尺，进一步提出更多不合理、过分的要求；同时还认为你是一个没有个性的人，不愿意与你成为朋友。所以，不拒绝，既得不到真心的朋友，而且还会伤害自己。

她们心里总想："我必须与周围的每个人都建立和谐的关系""我只有顺从对方才能继续保持友谊""假如我拒绝别人的要求，我就会失去这个朋友""拒绝别人的要求，看起来我好像比较缺乏诚意，别人也不会再愿意跟我做朋友"……结果就是过分地要求自己，主观盲目地高估自己，不允许自己拒绝任何一个请求给自己带来巨大的心理压力。

♥ 心灵小酌

女人在人际交往中，如果缺少独立自主的精神，没有个性和原则，总是一味地迁就和顺从，甚至意识不到自己也有"拒绝"的权利，最后导致的结果就是——失去了人际交往的平等和尊重。

唯唯诺诺，让你看起来那么好说话

任何时候，女人们都应该自信而勇敢地追求自己的人生，从来不以唯唯诺诺的行为来敷衍了事。唯唯诺诺是形容一个人很没主见，心中没有主意，总是一味地顺从，恭顺听话，对一些既成的事实深信不疑，缺乏一定的怀疑精神。在她们身上时常显露出这样的特点：嘴里好像从来不说"不"，总是"好""是的"；面对他人的提问，只点头不摇头。

也许，有人会问：难道她们就没有自己的想法和立场吗？当然不是。她们之所以唯唯诺诺是源于内心的不自信，以及缺乏表露想法的勇气。这样的人更不擅长拒绝，所以原本属于自己的世界被他人入侵了。

老张是公司的老员工，辛辛苦苦工作十来年了，职位却一直没有变。在平时的工作中，她认真负责，与身边的同事相处得也很和睦，对上司更是敬重有加，不过，进入公司快十年了，许多比她晚进公司的同事都得到了晋升，只有她还在原地踏步。同事戏谑地问她："对你的工作挺满意吧？"她总是乐呵呵地回答："是的。"在与同事相处中，遇到不同的意见，老张对这位说："是，你说得对。"回过头，她对那位也说："对，你说得没错。"这样没有立场的说话态度，让同事感到很扫兴。

实际上，老张并没有发现自己没有得到重用的原因就在于自己唯唯诺诺的性格，不管是与上司打交道，还是和办公室的同事相处，她从来都是一副唯唯诺诺的样子。这点可以从她说话看得出来，如她总是说"是是是""好好好"，从来不会说反对的意见。刚开始同事和她接触，还以为她这样的性格是由于陌生的关系，不想得罪人。时间长了，与同事都熟络了起来，她还是这样的性格特点，同事就觉得很讨厌了，而且，总觉得她这个人比较"虚伪"，不愿意与之交往。上司觉得老张没有自己的想法，只会一味地顺从，这样的人对公司的将来不会有很大的帮助，于是就一直没有重用她。

在公司，没有谁与老张能够谈得来，因为大家都觉得她这种模糊的表达方式，唯唯诺诺的个性让自己非常不舒服。所以，最后老张既没有得到领导的赏识，也没有获得同事的好感，而且还非常令人讨厌。

即使恭顺比较讨上司的喜欢，但是不懂拒绝、一味地服从只会让上司感到厌烦。在更多的时候，上司希望下属能够有自己独当一面的见解，这样才能看清楚一个人的价值。如果在任何时候都显得唯唯诺诺，不敢表露自己的真实想法，诸如老张这样的下属将不会得到重用。对于那些唯唯诺诺的女人，她们身上还会显露出一个异常的特点：做事犹豫不决，缺乏勇气。通常去做一件事情的时候，她们无法相信自己的判断，以至于最后她们没有勇气去做这件事情。

福特汽车总裁菲利浦说："假如缺乏冒险精神，今天就没有了电源、镭射光束、飞机、人造卫星，也没有盘尼西林和汽车，成千上万的成果将不可能存在。如果生活在一个没有冒险的世界里，我们必将面临重重危机。"所以，放下自己的唯唯诺诺，塑造充满勇气的智慧人生吧！

在日常生活中，我们不能老是说"是"，还需要善于说出"不"。有的人害怕说"不"，结果不仅使自己陷入尴尬，还会使对方有所误会，甚至造成彼此之间的关系出现裂痕。

周末，好友芳芳热情地找上门来，对扬扬说："放假了，好不容易有点休息时间，走，我们一起出去玩玩吧！"扬扬面露难色，芳芳又接着说："听说江边那家书店到了好多新书，咱们去一睹为快。"说完，拉着扬扬就要走。可是，扬扬还有不少事情没有做，而且妈妈出差在外，爸爸早上出门时，告诉她抄表员要来查水表，让她在家别离开。这真让扬扬觉得很为难，一时之间，拒绝的话难以说出口。

面对芳芳的热情邀请，扬扬不答应怕拂了好友的面子，但她又实在不能出去玩。于是，她才陷入了两难的境地。拒绝的话说不出口，最关键的原因在于自己的心理障碍，那么如何消除自己的心理障碍呢?

　　有时候,别人提出的可能是一些不合理、不合适的要求或者自己根本不愿意去做的事情,这时候,拒绝其实是一种自我保护。比如,自己的胃比较娇惯,吃不惯辛辣的食物,面对来自重庆同事的邀请,你可以委婉拒绝,譬如说:"那我吃饱了再去餐厅找你们,我吃不惯火锅。"再比如,朋友向你借一笔不菲的钱款,或许你明明知道那位朋友是借钱不还的人,但面对他的要求,你还是不好意思拒绝,那最后吃亏的只能是你自己。所以,面对他提出的借钱要求,大可以拒绝说:"我的工资都是妈妈帮忙管理的,我每天就拿点吃饭的钱,实在不好意思啊。"

　　可能,在很多时候你都习惯说"是",于是,身边的人都认为你是个很好说话的人,经常会忽略你的意见。那么,不妨大声说出"不",勇敢地表达出自己的意见,定会为你的形象加分不少。

💗 心灵小酌

　　有人抱怨"那些拒绝的话怎么说得出口",其实,拒绝并不意味着就一定会造成伤害,我们之所以不敢拒绝,是因为存在一定的心理障碍,那就是唯唯诺诺的个性。

不会拒绝，常常让你陷入被动的境地

虽然，我们总是被教育要学会与人分享，养成慷慨大方的品德，但是，任何事情都需要讲究一个"度"字。在人际交往中，如果我们总是担心伤害别人，不敢拒绝别人，这样的结果就有可能伤害自己，令自己事事处于被动，你有可能永远都会成为别人支配的对象，你永远只会听到这样的话语"某某，给我拿份文件""某某，给我倒杯茶"等。即便你内心满腹的不情愿，但只要你不懂得拒绝，那就只有咬牙坚持下去，直到把所有的事情都做完，当你还没来得及松一口气的时候，下一个难以拒绝的请求又会出现。长此以往，会让你的工作和生活都充满一种被动的状态，你只能等待被要求去做什么，而你自己是难以决定自己想做什么的。

小微是一个十分勤奋的年轻人，头脑聪明，热情助人，刚刚进入公司的时候，她就下定决心要从最基层做起，要成为所有人的好朋友。所以，公司里的事情，属于自己分内的，她会努力做好，不属于自己分内的，只要有人喊自己帮忙，她也会努力做好，慢慢地，她在同事之间赢得了一个"热心肠"的绰号。

小微感到十分满意，但是过了一段时间后，她才发现：有些事情，原本是同事自己可以做的，但他们总是让她去帮忙，有些人的态度还很随意，似乎吩咐她是一件理所当然的事情，帮忙之后，最后连"谢谢"都懒得说，好像让她帮忙是给了她很大的面子。甚至有的人，还将自己手头的工作交给她去做，而自己竟然去做私活。

小微虽然心里不高兴，但又不好意思拒绝，更关键的是不懂得拒绝，结果正常的工作生活被那些事情弄得乱七八糟，整天忙得脚不沾地，工作非常被动，而且经常出现小错误。小微感到很烦恼：自己热心帮助同事有错吗？为什么会让自己变得这样被动呢？

案例中，小微热心帮助同事并没有错，错在于她来者不拒，不懂拒绝。在生活中，帮助别人是应该的，但帮助别人应该建立在把自己工作做好的基础之上，当你自己的工作都还是一团糟，那你有什么能力去帮助别人呢？即便自己的工作已经做得很好了，面对他人提出的要求，自己也应该权衡一下，是否该帮忙，对于应该帮忙的，要立刻动手；而不应该帮忙的，则要懂得拒绝，这样才不至于走到像小微这样被动的地步。

我们都会有这样的感觉，对一个人说"是"很容易，说"不"却很困难，但是这个"不"字却很重要，不会拒绝他人的人，似乎总活在别人的世界里，他们是很难有所成就的，甚至有可能会掉进别人精心设计的陷阱里。比如，贪官在落马之后总会说自己收钱不是受贿，而是"我这个人脸皮薄，人家一再坚持给，我就不好意思推辞"，也许他是在为自己的贪欲找借口，也有可能是真的不懂得拒绝，但结果是被动之下成了罪人。

喜剧大师卓别林曾经说："学会说'不'吧！那你的生活将会美好得多。"在生活中，我们并不是有求必应的好好先生或者好好小姐，而人们的要求却是永无止境的，有的是合理的要求，有的却是悖理的要求。如果你不好意思说"不"，轻易承诺了自己无法兑现的诺言，势必给自己带来更大的苦恼，同时也会让自己处于被动的境地，所以，学会拒绝，更需要掌握拒绝的技巧与秘诀。

生活中，我们需要懂得拒绝，并懂得在什么样的情况下说"不"。当对方的要求违背了我们做人的原则，甚至违反了道德和法律的时候，那就是该拒绝的时候，比如贿赂、吸毒、打架等违法犯罪行为，这种情况下不懂得拒绝，被人左右，其实就是害人害己。其中，最常见的，是别人的要求和自己的意愿或者计划相冲突，在自己不愿意的情况下，如果不懂得拒绝，那就是委屈自己，让自己变得相当被动。最后，就是面对自己力所不及的事情，就应该懂得拒绝，而不是打肿脸充胖子，还有就是懂得拒绝，不要高估自己，甚至作出一些超出能力范围的承诺。

❤ 心灵小酌

不懂拒绝的女人，虽然她给人的外在形象是一个"善良人"，但谁知道其内心的苦恼呢？也许，她在每天回家以后，都会躲在卫生间里哭泣，甚至生气，但若是到了别人向她提出要求的时候，她却又不懂拒绝了。

第04章

毫无立场的善良，其实会成为你的负担

东风吹来我随东，西风拂来我朝西。善良的人在很多时候并没有清晰的立场，没有自己的原则和主见，明明知道是错误的做法，也会因形势所迫而选择去做。待人接物，没有自己的态度，既不知道是否人云亦云，也不知道是否该独立独行。

主动积极自我表现，别因沉默埋没了自己

女人或多或少都具有一种隐忍的性格：她们面对巨大的压力，常常自己一个人默默地承受下来；她们往往有自己的想法，却埋在心里，不说出来；受了委屈，也只好偷偷把眼泪往肚里吞。这是由于从古至今的一种"男尊女卑"的思想，影响着她们的性格。而如今，早就跨入了21世纪，人们的观念有所改变，"女人也能顶半边天"的说法越来越被人们所接受。所以，这时候，沉默不再是金，女人要学会主动争取机会，大胆表达自己的心声。敢于说出自己的想法，其实就是一种自我推销的最佳途径。

有的女性在与人交往中，会由于各种原因而选择沉默，或是矜持，或是不好意思，或是不自信，或是不敢说。往往你那一瞬间的沉默会给别人一种错觉，认为你是默认的态度，他会以为你是认可他的。因此，如果你在这些问题上有什么好的建议，就要主动去为自己争取机会，大胆地说出来，别人才能了解你的真实想法。所以在这个时候，女性千万不要保持沉默，要抓住机会表露自己的想法。

小万是才到公司的新员工，刚刚大学毕业，正是"初生牛犊不怕虎"的年纪。有一次，在公司例行大会上，董事长表示自己手上有一个重要的企划案，希望在座的哪位拿去策划一下。同事们都面面相觑，面露难色，都不敢接这个"烫手山芋"。

小万刚开始觉得自己是新人，不敢抢同事的功劳。可是，过了几分钟，还是没有人去接企划案的时候，性子急的小万坐不住了，腾地站起来："我想试试。"董事长见有人来接这个任务，脸上露出了微笑，但一看是一个才来公司的新员工，还是个女孩子，又显得很不放心："你能行吗？"这可激起了小万的好胜心："一定行，给我一周的时间，我会把它做好的。"

于是，一周后的公司例行大会上，董事长拿着一份企划案，赞许地看着小万说："你是最棒的！希望你继续努力，公司需要你这样的人才。"立即，会场响起阵阵掌声。

就是因为小万大胆地站起来，表达了自己的想法，最终用实际行动证明了自己的能力，才赢得了全公司的认同。如果小万在会场上一直沉默，那么，她的能力就没有机会得到展示。正是因为她大胆说出自己的想法，推销了自己，才让老板对她赞赏有加。如今的社会，人才济济，作为女性，如果你不把握适时的机会，说出自己真实的想法，展现自己的能力，进行自我推销。那么你就会永远被埋没在平庸的泥沼里。俗话说："酒香也怕巷子深。"说的就是这个道理，如果你是一个各方面条件都优秀的女性，更要大胆地秀出来。

有的女性习惯矜持地生活，遇到别人问她吃什么，她习惯性回答"随便"。别人问她到哪里去玩，她的回答还是那两个字"随便"，好像她的思想里只有"随便"这两个字。其实这时候，你应该抓住机会说出自己心里的真实想法，也许在你的推荐下，大家都会尝到一顿美味的佳肴；或者在你的带领下，大家都会玩的很尽兴。大家会发现，原来你也有多姿多彩的一面。如果你总是说"随便"，自己以为很随意，其实并非如此，你的"随便"会让对方感觉有种负担，因为你没有把你真实的想法表达出来，会让对方觉得可能没有照顾到你的心思。所以，应该学会主动为自己争取机会，大胆地说出真实的想法，善于自我推销，这既会让对方感觉你很有主见，又不会亏待自己。

沉默在某些时候，是非常具有价值的，但并不是每一次沉默都有它的价值。所以，女性不要总是习惯性地把头深深地埋下，要昂首挺胸，敢于说出自己的心声。而你的某些女性独有魅力，也是通过说话表现出来的。如渊博的学识、有魅力的谈吐、优美的声音，通过说话可以彰显你思想的深度，还可以表露出你除了外表以外的内在吸引力。

❤ 心灵小酌

女性应该抓住生活中的每一个机会来表现自己，而说话无疑是最合适不过的表达方式。学会用语言来表达自己的意见和想法，让他人更加了解你，进而对你产生信赖，这是每一个女性让别人了解自己的最佳途径。

训练自己的主见，展现出你的态度

在生活中，有一种女人很有味儿，如果你想问是什么样的女人，其实，答案很简单：有主见的女人。一个女人外表再漂亮，在她们身上所表现出来的美丽，总会有消逝的一天，而只有人格独立的女人才是永恒的魅力女人。一个女人的人格获得了独立，那么，她就会有自己的想法和观点，而这就是一个有主见的女人。

时代赋予了女人更多的财富，比如知识、能力，女人不再是"无才便是德"，她们在自己的工作和事业上也可以独当一面，甚至创造出属于自己的一片天空。她们逐渐有了自己的追求，不再把男人当作自己的全部。无论是说话做事，她们都会有自己的想法和意见，走自己的路，让别人去说。事实上，这样有主见的女人才更有味儿。

当然，女人有主见并不意味着固执己见，更不是孤芳自赏。有主见的女人也要善于听取他人的意见，善于把自己的想法说给他人听，取得对方的认同和支持。真正有主见的女人，并不会固执和任性，更不是只相信自己。任何事情都有一定的限度，女人需要特别注意，掌握适当就是有主见，过度则成为固执。有主见的女人更需要灵活地来处理各种事情，在相信自己的同时也需要考虑他人的意见，千万不要一意孤行。因为，有主见的小女人比固执的大女人更容易获得成功与幸福。

小乐和老公是大学同学，当时性格内向的小乐暗恋了他三年，大四那年，经过朋友的撮合，他们终于走到了一起。小乐很爱她的老公，大学毕业后为了能和他留在同一座城市，她毅然放弃了高薪的工作。一晃他们已经结婚十多年了，小乐从来都不敢跟老公吵架，怕因此破坏他们之间的感情。老公在工作上也是平步青云，工作越来越忙，总说需要加班而留宿在公司。小乐隐隐觉得老公是在回避自己，回避这个家，但她依然很相信他，从来不过问他的私生活。

直到有一天，小乐偶然在老公的衣服口袋里掏出一张纸条，一看笔迹就知道是女人写的，信中用极其暧昧的语气诉说着思念，小乐有些呆住了。但她还是把字条塞了进去，她想来想去，还是没敢和老公说起这件事，只是在心里担心。没想到过了几天，小乐在商场里无意中看见自己的老公和一个女人手拉手，显得十分亲密。小乐悄悄地跟在他们后面，看到他们一起看电影，一起吃饭，两个人有说有笑，看起来非常开心。小乐不敢走上前去，只好跟在后面，最后，还看到他们一起走进了酒店。当天晚上，回到家的小乐彻夜难眠，她想也许是自己太放纵老公了。

小乐一个人想了好几天才鼓起勇气和老公提起这件事，没想到老公居然毫不隐瞒地承认了，并问小乐想怎么样。小乐没有吵闹，只是流着眼泪苦苦哀求老公看在孩子还小的份儿上，希望老公能够回心转意，和那个女人一刀两断。可是无论小乐怎么哀求，老公都缄口不言，好像已经铁了心肠。

其实，女性的心思虽然细腻敏感，但同时也需要进行理性的思考，有自己的主见。小乐一味地忍让并不是夫妻之间的相处之道，小乐不敢与老公吵架，并不是她没有一丝怨言，而是她缺乏主见，对老公总是百依百顺，委曲求全，没有自己的想法，从而失去了自我。两个人之间的感情是需要共同付出和培养的，如果你不懂得如何经营，只会依附对方，那么最终只会让感情走向破裂。

心理学家认为，女人往往是感情胜过理智，这使她们在对待友情、事业、婚姻时优柔寡断、犹豫不决。其实，这是阻碍女人发展的致命弱点，很多女人把自己定格为"弱者"，似乎自己就是任人摆布的洋娃娃，不会自己说话，不会自己做事。当她在友情、事业、婚姻里遭遇了痛苦，她会抱怨他人的薄情，自己的命苦，其实悲剧都是由自己造成的，当你已经失去了自我，又如何让别人来尊重你呢？

所以，女人要学会人格独立，只有你自己看重了自己，别人才有可能尊重你，而那些有主见的女人，她们往往容易突破常规，容易坚持自己的原则，容易按照自己认定的方向坚定不移地走下去，因而她们更容易获得成功与幸福。

虽然，她只是一个女孩子，但从小父母就培养她如何成为一个有主见的人。父母从来不会强迫她干什么，只是说出自己的建议，然后让她自己做决定。比如，购买平时穿的袜子，母亲都会细心地寻问她的意见。

大学毕业后，她放弃了父母建议的稳定工作，找了一份适合自己的工作。在待遇微薄的岗位上，她却干得有声有色。上司对她的评价只有短短的一句话："你是一个很有主见的女孩子，我很欣赏你。"在工作中，她有许多自己独到的见解，而且，她从来不掩饰，总是直言不讳地说出自己的想法；在生活中，她特立独行，对社会问题常常有意想不到的见地，这使她的朋友圈子越来越宽。如今，她已经创办了自己的公司，同时，她也找到了欣赏自己的另一半。

独立有主见的女人身上有一种持久深刻的魅力，也是一种致命的吸引力。或许，大多数男人喜欢女人的温柔贤惠，但他们更喜欢女人的独立。有主见的女人气质最迷人，也是最富有智慧的女人。有主见的女人是可爱的，从骨子里流露出来的独立，让她们更容易获得爱情和幸福；有主见的女人是快乐的，她不会盲目地听从别人的建议，也不被他人的言论所左右，她掌控了自己的人生，所以走得更加坦然；有主见的女人是勇敢的，她们敢于做其他女人不敢做的事，遇到挫折会勇敢面对，敢于逆水行舟，不害怕他人的嘲讽，坚持自己的路。做一个快乐的有主见的女人，走自己的路，让人羡慕去吧！

心灵小酌

独立的人格成为一种无形的吸引力，使女人有了自己超凡脱俗的追求，彰显出卓越的才能。即使在纷繁复杂的社会里，有主见的她们能够占据一席之地，且不断地展现出自己女性的性格修养美。

主动要求，别不好意思提升职加薪

在职场中，每个女性都渴望自己有价值，希望自己所得的薪酬、薪资是合情合理的。但是，我们却常常遭遇这样的情况：听说又有一位同事加薪了，为什么他可以加薪，自己却加不了薪水呢？已经在公司工作很多年了，但薪水却总是停滞不前，怎么样才能扭转眼前的局势呢？眼看就到年底了，人事部的考评已经结束了，如果你在排行榜上名列前茅，为什么不试试向领导提出升职加薪呢？有可能会失败，但若是从来不去尝试，则注定会永远失败。许多女人认为"要求加薪"是单向沟通，自己只需要单方面地告诉上司：自己想要加薪。

其实，"请求加薪"是一个双向沟通，简单地说，你必须听到上司的声音，依据他的响应与看法来修正你的论点与看法。此外，最关键的是提出升职加薪一定要把握时机，看准了机会，才有可能成功。

乐乐是公司的市场部经理，她曾经三次向领导提出加薪，其中的结果和教训都是不一样的。

乐乐第一次提出升职加薪的时候，她已经在那家公司工作快三年了，对那份工作十分熟悉，而领导却一直没给她加薪。乐乐以熟悉业务为谈判条件，向领导提出加薪，可领导并没有同意。之后，上下级之间的关系变得微妙起来，乐乐很快就辞职了。

从那家公司出来，乐乐跳槽到现在的公司做销售秘书，负责协调处理各业务部门的工作。乐乐依旧努力工作，但这种千篇一律、薪水不高的工作实在令她难以满足。每天看着公司墙上悬挂的业绩明星照片，乐乐认定，自己一定不会比他们差，乐乐走进了办公室，向领导开门见山地提出加薪的要求，结果还是失败。

第三次加薪是为了一个下属，那位工人在流水线做了两年，他说，如果加薪不成，就要离职。乐乐向领导汇报，领导刚开始并不同意，说这样的员工再找一个就是了。但乐乐认真地算了一笔账：这个工人每月的工资是1800元，市场上可以招聘的熟练工人最开始的工资是1200元，可如果在1800元的基础上，给这个工人加100~200元，他就能安心工作，还免去了招聘新员工的招聘费用和培训费用。这样一说，领导痛快地同意了给他加薪。

通过这三次的经历，乐乐明白了向领导提出升职加薪，一定要有理有据，只要你有真才实学，底气足，领导就会按照你的贡献加薪；如果底气不足，甚至毫无能力，别说是加薪，可能连自己的工作都很难保住。

案例中乐乐所得出的经验，简言之，就是在向领导提出升职加薪之前，你要给自己一个正确的"估价"。如果你为公司的付出理应得到更多的回报，那就可以向领导提出升职加薪的要求；如果你为公司所做的一切远不值你现在的薪资，那你需要先从提高自己做起。在这里，我们所说的把握时机，所谓的"时机成熟"，也就是自己心里一定要有底气。

不仅如此，注意说服领导为自己升职加薪的最佳方式是面对面地谈话，打电话或发电子邮件以及发信息等沟通方式都是间接的，因为看不到对方的表情，有可能会造成不必要的误解。通常情况下，领导考虑是否为一个员工加薪，其主要出发点在于该员工为公司贡献了多少、对公司到底有多大的价值。

在谈升职加薪的时候，不仅需要把握时机，还需要询问领导关于升职加薪的具体时间。大多数人走进办公室向领导说出"加薪"的要求之后，就不了了之，可能是不好意思询问，或者忘记了向领导要求具体答复的结果。那么，你可以说："我知道公司目前有困难，但是，我自己也需要考量生活上的需求，我想知道，您什么时候可以给我答复呢？"在谈加薪之前，我们需要清楚地了解领导的需求，因为如果领导的需求能够与你想加薪的理由结合在一起，请求加薪就已经成功了一半。

心灵小酌

职场女性在向领导提出加薪时，别有什么不好意思的负担，而是应该找出有力的依据来说服上司，如强调自己的工作量增加了，可以用相关的数据来说明，作为让领导参考的资料。

缺乏态度，导致你不敢说出你的意见

俗话说得好："良药苦口利于病，忠言逆耳利于行。"这是一句我们耳熟能详的谚语，而其中的道理也为绝大多数人所接受。虽然，我们非常欣赏这句话，但真正落到自己头上，却还是唯唯诺诺。假如我们作为下属，需要向领导提出某些看法，这时你会想到这句话吗？恐怕大多数女性的心理就是"不好意思"，或者说"不敢"。从表面上看，她们总是在为他人考虑：假如给领导提出意见，那是不是意味着领导的想法不行呢，自己又算什么呢，难道所想的会比领导高明到哪里去？别人都没有提，怎么就是自己提呢？

　　其实，这些都是当事人寻找的外在理由，她们真正的理由就是觉得不好意思开口，总觉得自己一开口好像什么都是错的。实际上，不管是在职场还是在生活中，所谓"忠言逆耳利于行"，女性请放下"不好意思"，大胆提出自己的看法。

　　有时候，作为下属，需要适时向领导进谏，向领导提出某些建议或看法，但实际上进谏也是需要讲究技巧的。许多下属都遇到过这样的情况，当自己向领导进谏的时候，却不能够得到领导的采纳，甚至还有可能遭遇被领导冷落的局面。其实，造成这种情况的原因并不在于你所提出的建议和想法不具备可行性，也不是领导平庸无能，而是在于你向领导进谏的方式不对。很多时候，直接向领导提出一些意见，会让其难以接受，毕竟领导处于权威的位置，他的威信不允许他轻易受任何人的摆布和差遣。当你直截了当地提出意见，反而会让他感觉到一种不尊重的感觉。因此，当你需要向领导提出自己的想法时，不妨灵活地采用各种技巧，委婉含蓄地表达出来，让领导轻松接受自己的建议。

　　邹忌身高八尺多，而且身材魁梧，容貌英俊。有一天早晨他穿戴好衣帽，照着镜子，对他的妻子说："我与城北的徐公相比，谁更美呢？"他的妻子说："您美极了，徐公怎么能比得上您呢？"城北的徐公，是齐国的美男子。邹忌不相信妻子的话，于是又问他的妾说："我与徐公相比，谁更美？"妾说："徐公怎能比得上您呢？"

第二天，一位客人来家里拜访，邹忌问客人："我和徐公相比，谁更美？"客人说："徐公不如您美啊。"第二天，徐公来了，邹忌仔细地端详他，觉得自己不如他美；再照镜子看看自己，更觉得远远比不上人家。晚上，他躺在床上想这件事情，说："我的妻子赞美我的原因，是偏爱我；妾赞美我的原因，是惧怕我；客人赞美我的原因，是对我有所求。"

对此，邹忌上朝拜见齐威王，说："我确实知道自己不如徐公美。但我的妻子偏爱我，我的妾惧怕我，我的客人对我有所求，他们都认为我比徐公美。如今齐国，土地纵横千里，有一百二十座城池，宫中的姬妾和身边的近臣，没有不偏爱大王的；朝廷中的大臣，没有不惧怕大王的；国内的百姓，没有不对大王有所求的。由此看来，大王您受蒙蔽更厉害了！"

齐威王说："好。"于是下了一道命令："所有大臣、官吏、百姓能够当面批评我有过错的，可得上等奖赏；能够上书劝谏我的，得中等奖赏；能够在众人聚集的公共场所指着议论我的过失，并能够传到我耳朵里的，得下等奖赏。"政令刚一下达，许多官员都来进言规劝，宫门庭院就像集市一样；几个月以后，有时偶尔还有人进谏；一年以后，即使想进言，也没有什么可说的了。

在案例中，邹忌向领导进谏，所采用的就是委婉含蓄的方式，先通过讲述自己的经历，以此类推出皇帝所受的蒙蔽更多，最终达到了进谏的目的。在工作中，领导也并不是绝对正确的人，由于各方面的因素影响，使领导在作决策时有可能存在偏差或错误。作为下属，千万不要因为领导出了错误就幸灾乐祸，甚至当场提出其不足之处，这样只会使领导陷入极端尴尬的局面。如果遇到心胸狭窄的领导，还会恼羞成怒，伺机对你进行报复。

对此，下属可以采取顺势引导的办法，如当你发现你的领导在管理上还是运用旧的思想，也不重视选拔、培养人才，什么事情都事必躬亲，使公司运转效率下降，那你不妨鼓动领导参加MBA学习，接受国内外的先进管理制度，一起讨论公司现在运转中遇到的问题。这会使领导改变自己的管理模式，促进工作的有效开展。

举个简单的例子，单就向领导提意见而言，每一个领导并不是十全十美的，他们在一些能力、认知方面也存在一些偏差，所以在他们的工作中也会出现一些失当的决定。而你作为他的下属，就需要去发现这些问题，进而有效地解决问题。当然，要为领导指出一些问题所在，是需要讲究一定的方法和技巧的，寻找一个合适的机会委婉地提出来。这样廉明的领导才会欣赏你的决策，进而对你信任有加。

当我们心里有什么好的想法，就要善于选择合适的方式表达出来，比如委婉、含蓄这样的方式都是值得推崇的。因为含蓄的方式往往是对方较为容易接受的方式，这样一方面不会让对方感到难堪，另一方面也起到了"忠言逆耳"的作用。

♥ 心灵小酌

女性朋友，脸皮再厚一些。我们所说的"良药苦口利于病，忠言逆耳利于行"，并不是真的喝苦得张不开嘴的药，说一些严厉打击对方或当众打击对方的话，而是我们表达自己意见时的方法要委婉含蓄一点。

换个方法，也许你能少很多负担

许多女人之所以不敢说话，不敢指出别人的错误，是因为怕自己说的话会伤害到别人，或者说直接的批评往往是需要勇气的，这就会让自己背上"不好意思"的心理负担。在现实生活中，我们批评对方是为了根除某部分错误，使对方走上正确的道路，因此要想通过批评达到很好的效果，就必须讲究批评的技巧性，而避免消极、简单、直接的倾向。

批评是一门艺术，批评是为了鞭策和激励他人更好地完善自我。批评是一种反向的激励，如果运用不好，就很容易刺激他人，特别是对方的自尊心和荣誉感，这样不但收不到激励的效果，还会走向激励的反面，使被批评者情绪消极、表现被动，甚至会做出偏激和抵抗的行为。

每个人都有自尊心，即使是犯了错误的人也是如此。如果对方真的在某些方面犯了错误，我们在批评的时候，要考虑到对方的自尊心，切不可随便加以伤害。因此在批评他人的时候，一定要心平气和，如春风化雨。而不是大发雷霆，横眉怒目，以为这样才能显示你的威风。实际上，你这样的批评方式，最容易伤害对方的自尊心，甚至会导致矛盾激化。

因此，你在批评对方的时候，要戒言辞尖刻、恶语伤人。当你正处在怒火正盛的时候，最好先别批评，等自己心情平静下来之后再去批评。切忌讽刺、挖苦，恶语伤人。虽然对方有过错，但是在人格上与你完全相等，所以不能随便贬低对方甚至污辱对方。

王太太为整修房屋而请来了几位建筑工人。起初几天，她发现，这些建筑工人每次收工后都把院子弄得又脏又乱。可他们的手艺却让人无法挑剔，王太太不想训斥他们，便想了一个好办法，一天，建筑工人收工回家后，她便偷偷地和孩子们一起把院子收拾整齐，并将碎木屑扫好，堆到院子的角落里。到第二天工人们来干活时，她把工头叫到一边大声说："我真的对你们在收工前将我的院子打扫得这么干净而高兴，我很满意你们的举动。"之后，每到收工时，工人们都自觉地把木屑扫到角落里，并且让工头做最后的检查。

如果王太太直接指出工人的错误，肯定使工人们大为恼火，而这种情绪会影响其工作效果，也会破坏他们与王太太之间的友好关系。所以，聪明的王太太没有直接地指出错误，而是委婉地表示出自己的想法，工人们一下子就明白了王太太的意思，也认识到了自己的错误。因而，每次完工之后，工人们都会自觉地把木屑扫到角落里，并且让工头做最后的检查。

在现实生活中，许多领导在对下属真诚的赞美之后，总喜欢拐弯抹角地加上"但是"两个字，然后就开始一连串的批评。比如，他们常会说："小王，这次干得不错，但是，其中还是出现了许多问题，希望你能多多提高你的业务水平。"本来备受鼓舞的小王在听到"但是"两个字以后，就开始怀疑之前领导对自己的肯定了。对他来说，赞美通常是引向批评的前奏，因此，在委婉指出别人错误的时候，切忌在赞美后加"但是"两个字，这样，会使你间接批评大打折扣。

一位上士谈到这样一个问题："许多后备军人在受训期间，经常抱怨的就是必须理发，因为他们认为自己仍然算是普通老百姓。有一次，我奉命训练一群后备士官，按照以前一般的军人管理办法，我可以像其他教官那样大声吼叫，或是出言恫吓，但是我并没有这样做，而是以委婉指出此事的利害而达到了我的目的。"

顿了顿，上士接着说，"我对他们说：'诸位，你们都是未来的领导者，你们现在如何被领导，将来也要如何去领导别人。诸位都知道军队中对头发的规定，我今天就要按照规定去理发，虽然我的头发比你们的还短。诸位等一下可以去照照镜子，如果觉得需要，我们可以安排时间到理发室去。'结果，我话刚说完，真的有许多人开始去照镜子，并且按照规定理好了头发。"

在这个案例中，教官正是以委婉的批评方式达到了自己的目的。委婉式的批评其实就是间接式的批评，不要当面直接地进行批评，而采取间接的方式对他们进行批评。你可以采用借彼比此的方法，声东击西，这样让被批评者有一个思考的余地，而更容易接受，委婉式的批评特点就是含蓄蕴藉，不会伤害被批评者的自尊心。每个人的自尊心都是很强的，我们如果在公开场合点名批评犯错的人，就会让对方感觉没面子，"威信扫地"，更有甚者会被批评者怀恨在心，有的干脆"破罐子破摔"。所以，我们在对人进行批评时，要采取委婉的批评方式，这样既不伤害对方的自尊心，又更容易让对方接受。

我们批评的时候，是在平等的基础上进行的，态度上的严厉并不等于语言的恶毒，只有那些无能的人才去揭人伤疤。揭人伤疤的做法只会让人勾起一些不愉快的记忆，这样对问题的解决毫无帮助；而且当你在揭他人伤疤的时候，使被批评者心寒之外，旁观的人听了也会不舒服。因为伤疤人人都有，只是存在大小的问题，旁观者见到被批评者的惨状，只要不是幸灾乐祸的人，都会有"下一个就轮到我"的感觉。而且，你的乱揭他人伤疤，只会让他的颜面丧失殆尽，根本就没有达到你最初批评的目的。恰当的批评语言，是一个人心胸和修养的直接表现，绝不能以审判者自居，恶语相向，不分轻重。

即便作为女上司，也应该用恰当的批评方法，而不是以审判者自居，你可以与他站在同一立场，用朋友的口吻去询问对方："发生了什么事？""我能为你做些什么？""为什么会这样？怎么回事？"这样的方式，可以帮助你了解情况，以便更好地解决问题。当然，你也可以直接告诉他你的要求，但是千万不要说："你这样做根本不对！""这样做绝对不行。"你可以试着说："我希望你能……""我认为你会做得更好。""这样做好像没有真正地发挥你的水平。"用提醒的口吻与他说更好，私下再与他交换意见，委婉地表达自己的想法，跟他讲道理、分析利弊，他就会心悦诚服，接受你的批评和帮助。

心灵小酌

所以，女性朋友在批评他人的时候，切忌直接指出对方的错误，这样会伤害其自尊心，而是应该委婉指出错误，在言语上含蓄婉转，切忌尖酸刻薄，否则，便会引起不良的后果。

第05章

无底线无原则的善良，让你总是牺牲

　　常言道："马善被人骑，人善被人欺。"但善良却是可贵的，只是你的善良需要有点尺度。你的好脾气可能被人认为是软弱，你的付出可能被认为是好欺负。善良本身没有错，只是一定要有所尺度，并非所有事情都必须有涵养，不是所有的人都值得去原谅。

善良，不等同于软弱

佛经上记载：一菩萨发现商队中混进了一个强盗，而且这个强盗准备寻机把商人们杀害后抢走财物。菩萨自然不忍，寻思到：我杀了强盗，就犯了杀戒，就要堕入地狱，而不杀强盗，就会导致更多的生命被杀害。这是两难的境地，但菩萨以宁可下地狱也要拯救众生的精神，把这个强盗杀了。

什么是善良？真正的善良不是软弱不是退让，而是从不去主动伤害别人，不会纠缠不休，懂得适可而止。女人的善良体现在为人处世坦诚相待，不欺骗，不撒谎，以善良的心去面对所有的人。

在生活中，我们首要的目标是为了实现自己的价值，而不是为了求得所有人的同意。在我们身边，每个人的思维和行为方式都是不一样的，总会有一些人跟自己合不来，他们有可能会对我们的言行进行羞辱，面对这样的情况，我们应该怎么做呢？

林肯当选总统的那一刻，整个参议院的议员都感到十分尴尬，因为当时美国的参议员大部分都出身望族，他们自以为是上流优越的人，从没想到过所面对的总统竟然是一个出身卑微的人，因为林肯的父亲是一个鞋匠。

当林肯站在讲台上的时候，一位态度傲慢的参议员站起来说："林肯先生，在你开始演讲之前，我希望你记住，你是一个鞋匠的儿子。"顿时，所有的参议员都笑了起来，为可以羞辱林肯而开怀大笑。这时，林肯不卑不亢地说："我非常感激你能使我想起我的父亲，他已经过世了，我一定会永远记住你的忠告，我永远是鞋匠的儿子。我知道我做总统永远无法像我父亲做鞋匠做得那么好。"所有的议员陷入了沉默，这时，林肯对那位傲慢的参议员说："据我所知，我父亲以前也曾经为你的家人做鞋子，如果你的鞋子不合脚，我可以帮你改正它，虽然我不是伟大的鞋匠，但是我从小就跟父亲学会了做鞋子这门手艺。"

然后，他再一次扫视全场的参议员，说道："对参议院里的任何人都一样，如果你们穿的那双鞋子是我父亲做的，而它们需要修理或改善，我一定尽可能地帮忙。但是有一件事是可以确定的，我无法像他那么伟大，他的手艺是无人能比的。"说到这里，他流下了眼泪，顿时，全场爆发出热烈的掌声。

对于参议员的冷嘲热讽，林肯没有较真，而是选择了理直气壮的反驳，他道出了父亲的伟大，正是这一点，打动了所有在场的议员。别人羞辱自己，那并不意味着自己的价值毫无存在。别人看轻自己，没有关系，只要我们自己看重就行了。如果别人肆意羞辱，就要拿出自己的态度：我选择善良，但不是软弱。

孔子是有名的君子，自然是崇尚善良之人。

孔子一辈子强调克己复礼，强调慎独，强调温良恭俭让。但《论语·宪问》记录了一段大家都耳熟能详的故事——或曰："以德报怨，何如？"子曰："何以报德？以直报怨，以德报德。"孔子为什么不是以德报怨，也不是"以默抱怨""以忍抱怨"呢？因为这样会"无以报德"，也会姑息养奸。

所以孟子说"予岂好辩哉，予不得已也"。什么是"直"？《周易》坤卦说："直其正也，方其义也。君子敬以直内，义以方外，敬义立而德不孤，直方大，不习无不利，则不疑其所行也。"

现代社会发展到今天，法治成为普适的一种价值，也并非要求善良的人们需要"忍无可忍，再忍一下"，如果真的是这样，那还需要法律来保护我们吗？我们可以选择善良，但必须要拒绝软弱，为什么一定要到"忍无可忍"才"无须再忍"？

《奇葩说》里，柏邦妮说过一句话："善良是很珍贵的，但善良没有长出牙齿来，那就是软弱。"善良不能毫无底线，没有原则，很多时候，强权和蛮横也是这样产生的，越是善良的人越是需要坚持自己的尺度，不能软弱得任人宰割。

面对一次次欺负自己的人，女人的善良在对方看来就是软弱，这样做对方不仅不会感激你，反而觉得你是个软柿子，因为你的善良过度了，成了那些品德不好的人欺负的对象。事实上，现实社会是残酷的、现实的，在不经意间，你可能就会成为别人欺负的软弱对象。

♥ 心灵小酌

心软是善良的一种。问题是，这个问题你能不能"扛"？值不值得去"扛"？能不能心安理得地去"扛"？只有善良，又能"扛"住多少负重？有时候，如果有人说一个女人"太"善良，其实就是说那个人有点"傻"。对陌生人，如果在心存怜悯之时，不让善良任意放纵，女人的善良就不易被坏人利用。

无论如何，别挑战我的底线

在平时的交往中，我们最好的技巧就是在该明白时坚持底线，哪怕是面对他人的攻击，我们也需要保持态度，关键时刻装糊涂，那是真傻。很多时候，我们被教导面对他人的攻击，揣着明白装糊涂，学会弯腰低头，似乎这才是一种生存之道、做人之道。但是他人的尖酸刻薄，还有不怀好意，我们为什么要忍耐，为什么装糊涂？

在一次新闻界的餐会中，美国总统艾森豪威尔应大家的要求站起来说话。他说："大家都知道，我不是善于言辞的人。小时候我曾经去拜访过一位农夫，我问这位农夫：'你的母牛是不是纯种的？'他说不知道，我又问：'这头牛每个星期可以挤出多少斤牛奶呢？'他也说不知道。最后，他被问烦了，就说：'你问我的我都不知道，反正这头牛很老实，只要有奶，它都会给你。'"艾森豪威尔笑了笑，对所有在场的新闻界人士说："我也像那头牛一样老实，反正有新闻，一定都会给大家。"这几句话让大家哄堂大笑。

艾森豪威尔在这里就使用了迂回的说话方式，他并没有正面回答新闻记者的问题，而是兜着圈子告诉大家：你们没事就别紧追着我问，反正我有新闻一定会给你们的嘛！言辞中得体地表达了自己对新闻媒体总是紧紧追问的反感，而且，迂回而又幽默的表达方式令在场的人都忍俊不禁，为整个餐会营造了愉快的氛围。

萧伯纳的名剧《武器与人》首演时，获得了极大的成功，他应观众的要求来到台前谢幕。这时候，有一个人在首座高喊"糟透了"。对于这种无理的语言，萧伯纳并没有怒气冲冲，他微笑着对那人鞠了一躬，彬彬有礼地说道："我的朋友，我同意你的意见。"他耸了耸肩，又指着正在热烈喝彩的观众说道："但是，我们俩反对这么多观众又有什么用呢？"观众中顿时爆发出更为热烈的掌声。

面对无礼者的言语攻击，萧伯纳并没有正面回应，而是巧妙地迂回，躲过了对方的攻击。而且，萧伯纳在回答对方的过程中，无论是温文尔雅的举动，还是那戏弄的言辞，都显示出一种平和的心境，单单靠这心境就能压倒对方。

在一次记者招待会上，一位西方记者问周总理："请问，中国人民银行有多少资金？"周总理听出他是在讥笑中国贫穷。对此，周总理并没有正面回答，而是巧用迂回、避实就虚地说："中国人民银行货币资金嘛，有8元8角8分。"接着，周总理做了这样的解释："中国人民银行发行面额为1元、5元、2元、1角、5角、2角、1分、5分、2分，合计为8元8角8分。中国人民银行是由全国人民当家作主的金融机构，有全国人民做后盾，信用卓著，实力雄厚，它所发行的货币，是世界上最有信誉的一种货币，在国际上享有盛誉。"

在这个案例中，周总理所使用的就是迂回的策略。其实，在我们日常交际中，或多或少地会运用到迂回的策略。比如说话绕圈子，绕道而行；用比喻、影射的方法举例说明；讲故事、寓言；找出彼此之间的关系；采用游击战术，不正面冲突，拖延时间，静观其变，等等。那么，我们在使用迂回战术时应该注意哪些方面呢？

遭遇对方的言语攻击，我们需要做的就是不要激动，学会控制自己的情绪。在这时保持平和的情绪，对反击对方十分有利，一方面可以表现自己的涵养，另一方面还可以冷静、从容地思考出最佳的对策。对他人无理的言语攻击，我们可以含蓄地表达自己的不满情绪，但不宜锋芒毕露，而是需要旁敲侧击，可使对方无小辫子可抓，这样的表达方式更有效果。

💛 心灵小酌

面对他人的言语攻击，女性朋友们不仅需要巧妙迂回，保护自己不受伤害，还需要作出适当的反击，一下子击中对方要害，使对方哑口无言，令对方刮目相看。

太在意别人，就会丧失自我

卡内基说："你见过一匹马闷闷不乐吗？见过一只鸟儿忧

郁不堪吗？马和鸟儿之所以不会郁闷，是因为它们没那么在乎别的马、别的鸟儿的看法。"在生活中，许多人太在意别人的目光而失去了自我，这简直是得不偿失。当然，我们作为社会人，生活在各种各样的关系中，完全不在意别人的目光那是不可能的。事实上，我们对自己的评价，很多时候是需要借助别人对我们的看法而作出的。

因此，对于别人的目光，我们需要考虑，但并不是过分地注重，否则，就会感觉自己活得很累。你总是在想别人是怎么看待自己的，总是利用别人的目光来修正自己，那么到最后，你会完全失去自我，从而变成一个别人目光中的人；更为严重的是，你将变得闷闷不乐、忧虑不堪，完全失去心里原有的轻松与快乐。

在很多时候，我们会特别羡慕那种所谓的"好人缘"，似乎每个人都能与她聊到一块去，她说的每一句话，所做的每一件事，都是以大家的目光为标准。在公司，上司说这个方案不行，她一句话不说，马上改成上司喜欢的方案；挑剔的同事说，她今天的打扮好像不太和谐，第二天，她就真的换了一套符合同事眼光的服饰；在家里，爸妈说，她新交的男朋友没有固定的工作，她就真的决定与男友分手，重新找了一个让父母觉得满意的男朋友。在这个过程中我们都会发现，她不过是因为太在意别人的目光而讨好身边的人而已，她已经逐渐失去了自我。

小燕是一名歌手，以前每次上节目，她都会抱怨："我太辛苦，实在受不了压力太大的生活，有时候，太在意别人的目光，我需要讨好歌迷、媒体，我一年发行两张专辑，但是，自己又想把工作做得更好，这样的工作量简直令我崩溃。"以前的工作时间安排得很紧，如果白天上通告做宣传，晚上还要去录音棚完成下一张专辑的录制，这样的生活压力超出了小燕可以承受的范围，每天她都感觉到很累，但心中的怨气却无处诉说。最后，在内心快要崩溃的时候，她选择了退出歌坛。

在四年的休息时间里，小燕只做自己喜欢的事情，她说："以前大家都在看我有什么样的变化，而我因此会很在意大家是怎么看我的。现在我是用自己的脚步来看大家的改变。虽然现在我年纪大了，似乎变得老了一些，但是年龄并不是我能掩盖的东西，我也想永远年轻，可我懂得这就是时间给我的礼物。在我成长的过程中，我得到的最大的一份礼物就是不用费劲去证明大家是怎么看我的，而是只需要做自己喜欢的东西，跟着自己的步伐，在以后的时间里，如果我能完全坚持自己的选择，那就是最好的生活。"或许，年龄对于小燕来说，确实变得大了一些，但正是这个年龄段才是不需要讨好任何人的时候。

最近，小燕重新复出歌坛，在工作上，她已经与唱片公司达成了一致的意见，不需要拿任何事情炒作，同时，不需要为了赢得名气而故意报唱片的数字，自己可以自由自在地唱歌，这恰恰是小燕最喜欢的一种生活状态。

小燕告诉所有的媒体："我不需要讨好所有的人，我不需要在意别人的目光，我只需要做自己喜欢的事情。"然而，就是这样一句话，令所有的媒体工作者既羡慕又嫉妒，因为对于媒体工作者而言，他们的工作无时无刻不在在意别人的目光，都在讨好所有的人，从而将自己的自尊放弃。每天，都有许多人为了人际交往，为别人的看法而活，他们在这样的过程中感到很累，甚至感觉到心力透支。

在生活中，不管是一个什么样的人，不管这个人做不做事，是少做事还是多做事，做的是什么事，他都会招来别人的看法和评价。而对于那些目光和议论，有的人会把它作为自己行动的标准，他们很在意别人是怎么看待自己的，所导致的情况是他们在做事情时畏首畏尾，把自己搞得很紧张，好像自己在为别人而活似的。

心灵小酌

其实，女人根本没有必要这样，因为我们既不是演员，又不是在表演，我们的目的就是要做好自己的事情，又何必那么在意别人的目光呢？

别无底线地包容和忍让他人

有一次，曾国藩在军中和一个人聊天，那人说："胡润芝办事精明，人不能欺；左季高执法如山，人不敢欺；公虚怀若谷，爱才如命，而又待人以诚，感人以德，非二公可同日语，令人不忍欺。"令人不忍欺，是一种神一样的境界。不过，比较现实的问题是，这个世界太糟糕，没人会不忍欺。

生活中，我们总被教导要"以德报怨"；宽容别人的确能够减少自己的烦恼，但是宽容应该需要有尺度和范围，以免造成不必要的负担。至少，宽容的限度不能让自己平白无故增添痛苦、困扰，必须量力而行，不能自不量力。而且，宽容对方的错误，虽然彰显了自己宽阔的胸襟、恢宏的气度，但其实是需要斟酌的。比如下属犯了错，上司需要承担连带责任，如果你一味地宽容，只会让事情越来越糟。这就好比领导若不在乎人才优劣，觉得自己可以宽容所有的人，那最后一定会出现问题。毕竟工作中的宽容是不能敷衍了事的，假使对一个人的宽容没有限制，必定会给整个团队造成巨大的影响。

埃德蒙是一位小提琴教师，一天中午，埃德蒙听见楼上卧室有轻微的响声，那是小提琴的声音。有小偷？埃德蒙心里冒出这个念头，他冲上楼，果然看见一个陌生的少年正在摆弄自己心爱的小提琴。那少年头发蓬乱，在大外套里好像塞了一些东西，埃德蒙认定这少年就是一个小偷，他用自己结实的身体挡住了门口。这时，埃德蒙先生看见少年眼里满是胆怯和绝望，那是一种熟悉的眼神，在那瞬间，埃德蒙想起了自己少年的那些岁月，于是，他用微笑代替了愤怒，决定以耐心感化这个孩子。

埃德蒙笑着问道："你是丹尼尔先生的外甥吗？我是他

的管家，前两天，丹尼尔先生特别嘱咐我说你要来，没想到你这么快就来了。"少年先一愣，但很快就回答说："我舅舅出门了吗？我想出去走走，一会儿再回来。"埃德蒙点点头，少年正准备放下小提琴，埃德蒙好奇地问道："你也喜欢小提琴吗？"少年低下头说："是的，但是拉得不好。"埃德蒙先生笑了，说："那为什么不拿着琴去练习一下呢，我想丹尼尔先生一定很高兴听到你的琴声。"少年想了想，又拿起了小提琴。

三年过去了，在一次音乐大赛中，埃德蒙先生被邀请担任决赛评委。音乐决赛进行到最后，一位名叫里特的小提琴选手夺得了第一名，在评判时，埃德蒙先生觉得自己好像在哪里见过他，但又实在想不起来。颁奖结束后，里特拿着一只小提琴匣子来到埃德蒙先生面前，涨红了脸问道："埃德蒙先生，您还认识我吗？"埃德蒙摇了摇头，里特眼里似乎有泪："您曾经送我一把小提琴，我一直珍藏，直到有了今天！那时候，几乎每一个人都把我当成垃圾，我也以为自己彻底完了，但是，您让我在贫穷和苦难中重新拾起了自尊，今天，我可以无愧地将这把小提琴还给您了……"里特打开琴匣，埃德蒙先生一眼就认出了自己那把久违的小提琴，原来里特就是"丹尼尔的外甥"，他上前紧紧地搂住里特，因为这位少年并没有让他失望。

包容相比辱骂，更能让一个人醒悟与进步。在生活中，面对他人有意或无意造成的错误，如果我们总是愤怒或生气地指责对方，反而会让对方有种受伤的感觉，在他心里，第一感觉不是认识到了自己的错误，而是感到自尊受到了伤害。因此，我们的指责常常并没有达到目的，他或许并没有意识到自己错了，反而怀恨在心。而耐心则不一样，它可以让一个人清楚地意识到自己的错误，同时还会心存感激。面对他人的错误，耐心比挑剔、指责更管用。

朱莉大学毕业后和恋爱四年的男朋友结婚了，性格温顺的她非常依赖丈夫。婚后，为了支持丈夫的事业，她在家里任劳任怨，守候好家的大后方，所以一直没有要小孩。

过了几年，一直经商的丈夫在外面有了女人，但朱莉并不知情，还傻傻地相信丈夫彻夜不归也是因为忙事业。后来，忍耐不下去的丈夫以性格不合为理由提出离婚，朱莉虽然很痛苦，但还是选择放手。在分割财产时，丈夫表示自己公司正处于关键时期，如果此时分割财产必将对自己的事业造成巨大冲击。善良而自尊的她没有任何异议，没有提出任何条件。当时身家百万的丈夫只把结婚时买的小居室留给了她。离婚没多久，她的丈夫就跟那位情人结婚了。

然而，非常戏剧性的事情发生了，丈夫再婚五年后，竟然患了不治之症，而他的新婚妻子与其协议离婚，拿着部分财产出国了。朱莉知道情况后，又回到了他身边，这时她的丈夫为了求得她的照顾，说他其实很爱朱莉，离婚也是因为不想连累她。朱莉被这些话感动的一塌糊涂，非常尽心地照顾着丈夫的起居生活。

朱莉的丈夫最终活了三年，最后守在他身边的朱莉异常痛苦，她一直相信丈夫深爱着她，相信他说的话是真的。在之后的日子里，她始终无法从怀念、痛苦中自拔，苍老憔悴，身边的朋友纷纷规劝她，但她从来不相信。无法摆脱过去生活的朱莉，竟然精神失常了。

无限制的容忍就是彻头彻尾的愚蠢。中国弥勒菩萨的像，大多做成布袋和尚的样子，他背上的布袋名为"乾坤袋"，可大可小，不论是垃圾、黄金，任何东西都可以装进去，但是拿出来时却空空如也，什么东西也没有，表示这个袋子能无限容纳任何东西。包容对方，需要把自己当成垃圾袋，承受别人的大量垃圾，但是不要让别人的垃圾成为自己的负担。我们的心应该跟乾坤袋一样，包容一切，但要坚持自己的尺度。

心灵小酌

女人需要记住，做人要包容，需要有尺度，做事要忍让，不过别碰底线。对朋友宽容不纵容，对感情珍惜别肆宠。善良是你的优点，但不能成为你的弱点。如果你需要照顾所有人的感受，那只会让自己陷入痛苦之中。

助人为乐，还需量力而行

杨朱是先秦时期的思想家，他主张"贵生""重己""全性葆真，不以物累形"，重视个人生命的保存，反对别人对自己的侵犯，也反对侵犯别人。在他看来，天地万物，都没有自己的身体尊贵，凡是有利于我的就行，不利于自己的一律不干。这样的观点是异常极端的，在生活中难以行得通。所以，颜之总结道：像墨子那样的，就叫作热腹，舍己为人，太过于热心；像杨朱那样的，就叫作冷肠，只想着自己不管别人，又太过无情，其实在为人处世上，不能太热心也不能太绝情，应该一切以仁义为标准。这个道理也符合中庸学的理论，在生活中得到了广泛的证实。

生活中，许多女人乐意做"热心人"，她们总是对别人说"有事您说话"，只要别人有困难需要帮忙，她们肯定全心全力帮忙。热心肠又好面子，宁愿自己吃亏也不在乎。她们喜欢揽事，身上有一种"给予比接受更快乐"的风范，是不折不扣助人为乐的典型人物。不过，她们中的很多人，成全了别人，却委屈了自己和家人。

在某案件中，原告张某与被告王某两名女生是某中学在校学生。在学校武术兴趣班课间休息时，老师要求自由练习前滚翻、后滚翻，原告张某请求被告王某帮助其练习下腰动作。当张某做下腰动作时，因王某力量不够未接稳，导致张某摔倒致颈部受伤，被送医院就诊。

事后，受伤张某一纸诉状将帮忙的王某及学校告上法庭。张某经权威医疗单位诊断为寰枢椎脱位。司法鉴定所作出鉴定意见为：被鉴定人张某的伤残程度属九级。该所作出损伤与其伤残等级因果关系的鉴定意见为：被鉴定人张某因在某中学上武术课练习下腰动作造成的损伤与其伤残等级存在全部因果关系。

太热心了并不是什么好事，特别是在那些力所不能及的事情上，好心往往还会办坏事。一个健康快乐的人，首先是让自己健康快乐，自己健康快乐是带动别人健康快乐的前提，否则，你连自己都照顾不好，又怎么能去解决别人的问题呢？

小王在银行工作，她曾经的老师想开一家公司，因缺少资金，便问她能不能帮忙。她想：老师原来对我不薄，这是老师第一次找我帮忙，我应该尽力而为，以报答老师的一片恩情。虽然自知此事办成不易，但她还是当即和老师承诺，自己一定想办法促成此事。

可是，她毕竟刚参加工作不久，还没有取得说话的资历，老师的贷款请求又完全不合乎规章，所以小王在银行内部的上下疏通中很快花光了这几年的积蓄，然而这笔贷款还是遥遥无期。

这边毫不知情的老师乐呵呵地租好了门面，请好了员工，等着资金开业时才知道银行根本贷不出钱来，搞得老师很被动，责备她说："你这不是在捉弄我吗？你这么做不是害我吗！"小王实在无话可说，自己花钱费力最后还落得一身埋怨。

别人来找我们办事，肯定是希望我们能伸出援手，能够帮多少就帮多少。在我们能力之内能够帮上忙的，不能寒了他们的心，但经过我们的努力确实帮不了的，也不要硬着头皮随便答应下来，否则会把自己弄得精疲力尽，最后还落得埋怨，出力不讨好。所以，实在无法帮忙的，没必要委屈自己，把自己弄得太痛苦。

有时候，女性朋友要分辨出那些需要帮忙的对象是不是真正值得帮助的人。东郭先生和狼的故事家喻户晓，其中的道理世人皆知：不要帮助那些阴险恶毒的小人，否则终将害了自己。鲁迅先生也有"痛打落水狗"之说，讲的也是同样的道理。

当然，要注意帮忙的方式和尺度。比如，朋友着急用钱，你可以把自己的积蓄借给他，但是千万不可动用公款，否则，无异于铤而走险，不仅救不了别人，可能还会把自己也搭进去；"救急不救贫"，帮助不能越俎代庖，别人有能力做的你不能大包大揽，然后还以急人所难自居，这样就不好了；而且，在帮别人之前首先要考虑自己的实力，千万不要忘记量力而行，切不可还没帮完别人，自己反倒成了需要别人帮助的人。

♥ 心灵小酌

对于别人求助于己这件事，女性朋友有能力帮就帮，无能为力的就应该果断拒绝。有时不懂得拒绝，反而会对求助者造成伤害。因为你一旦答应下来，别人就会对你寄予全部希望，若最终无法解决问题，反倒因延误时间给别人造成更大的影响。

第06章

你以为的善良，不过是优柔寡断

古人云：当断不断，反受其乱。面对纷繁世界的人情，需要量力而行，切不可打肿脸充胖子这就是善良的智慧。若是仅出于善良，毫不犹豫率性而为，有时会给自己带来一些不必要的麻烦和负担，所以你的善良，需要有点决断意识。

相信你自己，别总是妄自菲薄

很多时候，女人总喜欢妄自菲薄，无法相信自己坚持自己的观点。事实上，你难以拒绝对方，是因为你一直未能坚持自己的观点。每个人对一个事物都有一个主观的看法和评价，一味在意别人的看法，你将找不到属于自己的路。每个人都有自己的特点和优势，别人对你的简单评价，不足以反映你的真实情况。

做人要有自己的主见，还要有充分的自信，相信自己的判断力，不要轻而易举地听从他人的意见，而改变自己的主张。每个人的使命终究还要靠自己来完成，你人生的目标，是独一无二的，专属于你自己的，它神秘而又绚烂，值得你用一生去追求。

从前，有一位中文系的学子酷爱文学，他苦心撰写了一篇小说，请一位著名作家指教。因为作家正患眼疾，学生便将作品读给作家听。读到最后一个字，学生停顿下来。作家问道："结束了吗？"听语气似乎意犹未尽，渴望下文。这一追问，煽起学生的激情，立刻灵感喷发，马上回答道："没有啊！下部分更精彩！"他以自己都难以置信的构思叙述下去。

到达一个段落，作家又似乎难以割舍地问："结束了吗？"

"我的小说一定是精彩绝伦，叫人欲罢不能！"他这样想着，心里更加兴奋，更加激昂，更富于创作激情。他不停地往下接续……最后，电话的铃声骤然响起，打断了学生的思路。

这时有客人到作家家里做客，他们的交谈被迫中断了。作家说："其实你的小说早该收笔，在我第一次询问你是否结束的时候，就应该结束。何必画蛇添足，狗尾续貂？该止则止，看来你还没把握情节脉络，尤其是缺少决断。决断是当作家的根本，否则拖泥带水，如何打动读者？"

学生追悔莫及，想想作家的意见，觉得自己的性格和情绪易受外界左右，不能沉下心来，把握作品的主旨，恐不是当作家的料。

没过多久，这个学子遇到另一位作家，羞愧地谈及往事，谁知这位作家惊呼："你的反应如此迅捷、思维如此敏锐、编造故事的能力如此强盛，这些正是成为作家的天赋啊！"

不同的两位作家，从不同的方面给予了截然相反的两种评价。学生听后，不禁茫然。

美国职业足球教练文斯·伦巴迪当年曾被批评"对足球只懂皮毛，缺乏斗志"。贝多芬学拉小提琴时，技术并不高明，他宁可拉他自己作的曲子，也不肯做技巧上的改善，他的老师说他绝不是个当作曲家的料。但他们都勇于走自己的路，不被别人的意见和评论所左右，最终取得了举世瞩目的成绩。

蒙提·罗伯茨在圣司多罗有个牧马场，他在一次活动的致辞里提到这个故事：初中时，有一次老师叫全班同学写作文。那一晚，一个小男孩费了很大的力气才把作文完成，他描述他的宏伟志向，那就是拥有一个属于自己的牧场。他仔细地画了一张200亩牧场的设计图，上面标有马厩和跑道的位置，在这一大片农场中央还要建一栋占地400平方米的豪宅。

两天后他拿回了作文，看到第一页上打了一个又红又大的"F"，小男孩下课后带着作文去找老师："为什么给我不及格？"老师回答说："你小小年纪，不要老做白日梦。你没有钱，没有家庭背景，什么都没有，你别太好高骛远了。"他接着说，"如果你肯重写一个不怎么离谱的志愿，我会重新给你打分。"小男孩回家后反复思考了很久，然后征询父亲的意见。父亲对他说："儿子，这是非常重要的决定，你必须自己拿主意。"经过再三考虑，这个男孩决定原样交回。他告诉老师："即使拿个大红字，我也不愿意放弃梦想。"

"我讲这个故事，是因为各位现在就在这200亩农场及占地400平方米的豪宅中，那份初中时写的作文我至今还保留着。"罗伯茨接着对大家说，"有意思的是，两年前的夏天那位老师带了30名学生来到我的农场露营一个星期，离开之前，他对我说：'蒙提，说来有些惭愧，你读初中时我曾泼你冷水，幸亏你有这样的毅力坚持自己的梦想。'"

要知道，在这个世界上，生活着60亿各自具有不同特质的人，在他们各自的生活轨迹中，至少也存有上亿种成功模式。当我们每一个人特定的优势与劣势、需要与理想是如此的与众不同时，怎么可能存在一种放之四海而皆准的成功模式呢？

如同我们每一个人有不同的生活轨迹一样，每一个人对成功的定义也是截然不同的。成功的定义并不取决于你渴望的目标，而是取决于你达到目标后的满意程度。也就是说，每一个人都应该有自己的人生，有自己的成功之路，在这条成功之路上，都应该有属于自己的成功底牌，打拼出自己不一样的人生。

人要从没路的地方走出一条路来，不要泯灭了自己的个性，一味地模仿别人，那样只会迷失自我，连自己的命运都把握不了。"走自己的路，让人们去说吧！"

心灵小酌

人生只属于自己，一味遵循他人的思想，不敢面对真理是懦弱的表现，这样的人生是悲哀的。女人应该成为主宰自己命运的人，走自己的路，走出自己的风格，走出自己的个性，我们的人生才会是独特的，才会是精彩的。

过度思考，是因为你缺乏决断力

不管是在生活还是事业上，如果我们想要赢得成功，拥有决断力并将之付诸实际行动是至关重要的。事实上，一个人是否成功，很大程度上取决于他的决心和行动。而有的女人只是嘴上说说，行动上却无法积极起来，这些人因缺少决定的勇气，总是被懦弱的性格所控制，这就是生活中为什么存在如此多失去自我的人的原因，也就是为什么人们不懂得拒绝的缘故。这样的人就是一个好好小姐，完全不懂得怎么样坚持自己的立场，她的工作是父母安排的，每天生活在一个被动的世界里，甚至在父母的安排下与一个不爱的人结婚。或许曾经，她也有机会选择自己的事业、婚姻，但都没能即时作出独立的决定。

王太太这半个月来，一直在考虑是否要买一件新的衣服，她不断地给老公、闺密打电话寻求合适的建议，结果这样优柔寡断、犹犹豫豫地变换了好几十次主意，最后她到了新世纪购物广场，试穿了十多件新裙子，不是穿上显得非常滑稽，就是尺码非常小。王太太非常焦虑，她继续在商场里闲逛，没过多久，她又试穿了一件比较淑女的裙子和一件看上去比较活泼的裙子，可最终她也没能决定买哪一件好。

就这样，王太太筋疲力尽地回了家，打电话问闺密的意见，闺密说淑女款式的裙子更适合她。接着她又和老公商量，老公认为一件漂亮的裙子，最好搭配一套精美的首饰。王太太听了更加犹豫，最终也没有作出决定。王太太不但购物如此，就是平时生活中的其他小事，也一样犹豫不决。准备稍微丰富的晚餐，她就会在牛肉与羊肉之间拿不准主意。

很多女人与王太太有差不多的性格，比如每天早上坐在办公桌前面的时候，会为先做哪一件事而犹豫不决，今天是先见客户呢，还是先把会议需要的方案做好呢？当你觉得今天气温很高，不适合外出拜访客户的时候，却又想到会议是下周一才开始，差不多还有好几天的时间，而客户那边已经打电话在催了，不如还是去拜访客户吧。不过，即便出了办公室，也忍不住感到一丝疲惫，心想，明天再去也不迟呢？于是，又返回办公室去做方案，最后几经周折，一件事情都没有做完，却已经到了吃饭的时间。

当然，犹豫并不绝对是智力上的问题，所以对于大多数尝试改变自己犹豫性格的人而言，都可以不用过于担心。犹豫不决的人的问题在于：顾虑太多，习惯将微不足道的因素当成重要事情来考虑。面对这样的情形，应该优先考虑重点问题。

当机会来临的时候，需要说"是"，而不是"不"。这样就可以把握潜在的机会，主动出击。在生活中，不要为了晚饭是吃羊肉还是牛肉而苦恼，为了这样的问题而犹豫不决，本来就是一种无聊的表现。吃了饭不要为是否运动而优柔寡断，马上决定下来，然后行动。

在吃饭时，当服务员问你吃清汤还是麻辣锅时，你不应该说"随便"这种很不负责任的话。这样的话会让服务员小姐感到为难，你应该马上做出选择。看电影的时候，不要选来选去还是选不定看哪部，花了十分钟的时间还没有做出决定，而是闭上眼睛马上决定。即便最终看的电影不合心意，也总比浪费十多分钟犹豫不决强。

当我们选择购买什么东西的时候，权衡一下，应该尽早做决定。小失误永远比拖泥带水好，在大多数情况下，犹豫不决没有任何好处，尽早做决定总比优柔寡断的人理解得更透彻。在公司里，那些很早且很快决定好自己休假的员工，都获得了最佳的休假时间，而那些犹豫不决的人永远只能排队等候。

在平时生活中，我们可以利用一些琐事培养自己快速做决定的习惯，做完决定，马上行动，不要像以前那样没完没了地思考。很想出去旅游吗？那就马上放下手中的事情，赶紧去。只要你积极面对了第一件事情，那当第二件事情出现时，你就可以下意识选择积极的处理方法来解决。

把培养决断力当作一种游戏，反复练习，假如你一直坚持，就会发现收获颇多，然后继续自信满满地这样做下去。最后，你会摆脱心灵上拖沓、犹豫不决的缺点，获得积极生活的态度。通常，生活中的美好事物只属于那些决定并积极行动的人。

❤ 心灵小酌

在大多数时候，一个人的犹豫不决往往体现在简单的事情，越是明智的人，做决定才越可能有很多疑虑。而缺乏智慧的人，大多数不会想很多制约因素，也不会考虑什么后果。

瞻前顾后，往往错失良机

在工作中，有时候我们要做一个宣传活动中用的方案，总会进行多次的修改：版面不好看，那个字体不太搭配，这个图片位置不太好，那个颜色有点俗气……结果改来改去，白白浪费了很多时间，距离活动的日期越来越近，而自己还在为这个方案而烦恼。或许到最后，我们可以上交一份完美的宣传活动方案，不过，也有可能时间就这样被白白地浪费掉了，最后却并没有如预期的那样产生很好的效果，甚至因为自己犹豫不决的个性，瞻前顾后，导致时间不够用，没能完成宣传方案。

这样犹豫不决、优柔寡断的个性，常常给我们的生活和工作带来一些客观的阻碍。事实上，在生活中，假如我们遇到什么事情，不要顾虑太多，心动即行动，说不定生活反而给你一个惊喜。

伊丽莎白不是哈佛毕业生中最出色的一位，也并不具有非凡的才能，人们对她的敬佩，不是因为她年纪老迈，而是出于她勇敢尝试、始终坚持的毅力和决心。

这一天，身穿毕业生礼服、头戴黑色学士帽的伊丽莎白·麦克尼尔从哈佛校长手中接过毕业证书，在获得文科学士学位的同时，她还被颁发了一个表彰其学术成就和品德的奖项。

伊丽莎白早在1941年就高中毕业了，之后，她陆续生了4个孩子。26年前，她成为哈佛大学健康服务部门的员工。哈佛的学术氛围令她对学习产生了很大的兴趣，于是几年后，她开始尝试在哈佛"蹭课"。

但是在这之后的很多年里，她并没有正式注册当学生，因为她觉得自己没有能力完成哈佛的课程，一度想放弃拿到哈佛学历的念头。

直到9年前，同事和同学的鼓励让伊丽莎白产生了争取学位的念头，那时她已经73岁了。对于一个普通的73岁老人来说，安享晚年是最好的选择。而伊丽莎白却不甘心就此放弃自己的理想，她再次鼓起勇气，走入了哈佛的课堂，给自己制定了"10年目标"，并经常向孩子们许诺，要在83岁之前从哈佛毕业。

如今满脸皱纹的伊丽莎白在哈佛工作了25年，学习了20年，攻读了9年学位，最终赶在自己的孙女之前获得了本科学历。在哈佛，伊丽莎白可谓是一位独特的学生。许多教授，都以伊丽莎白的事迹作为案例，鼓舞学生：树立信心、果敢尝试，走属于自己的路。

人的一生有太多的等待：在等待中，我们错失了许多的机会；在等待中，我们白白浪费了宝贵的光阴；在等待中，我们由一个花季少女，变为碌碌无为的老人——我们还在等待什么？选择去尝试，总不能让自己在原地踏步。人生就是如此，只要你迈步，路就会在脚下延伸。

目标是否可以实现，关键在于行动。在任何一个领域里，不努力去行动的人，就不会获得成功。正所谓"说一尺不如行一寸"，任何希望、任何计划最终必然要落实到具体的行动中。只有行动才可以缩短自己与目标之间的距离，也只有行动才能将梦想变为现实。

只有启程，我们才会向理想的目标靠近。无论你的梦想和目标是什么，这些都只是你成功的开始，更重要的是立即开始行动，才能实实在在地看到成功的希望。这一点被许多人所忽略，其结果都是以失败告终。

美国著名成功学大师马克·杰斐逊说："一次行动足以显示一个人的弱点和优点是什么，能够及时提醒此人尽快找到人生的突破口。"

确实，想要达成某种目的，必须要有可行的方案，而且将计划落到实处，这样的计划才有意义。也许有人说"心想事成"，当然，只有首先有了想法才能有成功的可能，但是许多人只是把想法停留在空想的阶段，而不会落实到具体的行动中，最后这些空想终究无法成为现实。

成功是没有秘诀的，敢想敢做，给自己定一个目标，然后全身心地努力，总会有收获。敢想可以使一个人的能力发挥到极致，也可能逼得一个人贡献出一切，排除人生道路上的所有障碍。千万不要抱怨自己运气不够好，因为唯有行动才能够改变自己的命运。行动就是力量，十个空洞的幻想不如一个实际行动。

心灵小酌

智者说："只要你迈步，路就会在脚下延伸。只有启程，我们才会向理想的目标靠近。"女孩需要记住，做好每件事，既要心动，更要行动。只有理想和目标，不去行动，成功就是一句空话。

自动屏蔽干扰，听从心底的声音

在生活中，许多善良到没有决断力的女人总会轻易地受到其他人的干扰，因而不能顺畅地走自己的路，做自己的事情。小时候，每个人都有远大的理想，都想成为世界首富，策划许多有创意的事情……总之，希望自己拥有精彩的人生，成为最杰出的人。

但是后来呢？当你的年龄增长到可以去实现自己的理想时，四面八方的压力蜂拥而至。你耳边不断萦绕着别人的议论："别做白日梦了"，"你的想法既不切实际，又愚蠢、幼稚可笑"，"必须有天大的运气或贵人相助"或"你太老""你太年轻"。不可否认，对方的建议会有合理性的成分，但自己的人生之路还是要自己走，不能仰仗他人的帮助、偏听他人的品评。建立起自己足够强大的自信，我们才可以将"拒绝"轻松说出口。

哈佛心理学系一名助理教授常常鼓励学生们要勇于做自己命运的主宰者，他总说要把对他人善意的"忠告"全当耳旁风。他的成功学就是"充耳不闻"。

一群蛤蟆在进行竞赛，看谁先到达一座高塔的顶端，周围有一大群围观的蛤蟆在看热闹。

竞赛开始了，不久后听到围观者中传来一片嘘声："太难为它们了，这些蛤蟆无法到达目标，无法到达目标……"有些蛤蟆开始泄气了，可是还有一些蛤蟆在分析摸索着向上爬去。

围观的蛤蟆继续喊着："太艰苦了，你们不可能到达塔顶的！"其他的蛤蟆都被说服停了下来，只有一只蛤蟆一如既往地继续向前，并且更加努力地向前。

比赛结束，其他蛤蟆都半途而废，只有那只蛤蟆以令人不解的毅力一直坚持了下来，竭尽全力到达了终点。

其他的蛤蟆都很好奇，想知道为什么只有它能够做到。

大家惊讶地发现——它是一只聋蛤蟆！

你是要成功还是要听别人的话？如果有人说，你无法实现你的梦想，你就做一个"聋子"吧！之所以要走自己的路，完全是因为我们每个人都是独特的——永远不要忘记这一点！尽管每一枚雪花都是六角形的，却没有完全相同的两片雪花；我们人也一样，尽管人海茫茫，但谁也找不到两个外貌、个性和特长一样的人。所以，尽管我们都大抵相同，但每个人都是很独特的，无论在哪里，都是一道亮丽的风景。

有一个学僧道游，一心向佛，但他苦心修行了十多年。始终悟不出什么禅理来，眼看着师弟们一个个悟道出师了，而自己却没有多大的进步，仍是大俗人一个，他不由得心急如焚。道游心想，自己既不懂得幽默，头脑又不灵活，所以入不了门。他不想再这样苦苦地修炼下去，认为不会有什么结果，还是做个苦行僧算了。

于是，道游打点好行李，决定出去云游。临走前，他来到法堂，向广固禅师辞行。道游跪在广固禅师面前，说道："师傅，学僧辜负了您的教导，自从学僧跟您习禅已有十年之久，但却始终悟不出一点东西来。我想，我实在不是一块学禅的料，因此，想到处云游，特来向您老人家辞行。"广固禅师非常惊讶，问道："为什么没有觉悟就要走呢？难道在这里觉悟不出来，到别处就可以觉悟了吗？"道游诚恳地禀告道："我每天除了吃饭、睡觉之外，将自己的全部时间与精力都花在参禅悟道上了，这么用功还是不能开悟，我想我和禅可能是无缘吧。看着师弟们一个个都出师了，我心里难受。师傅，还是让我去做个苦行僧吧，这样我的心里会好受点。"广固禅师说："别人有别人的境界，你修你的禅道，这本来是互不相干的两回事，为什么非要混为一谈呢？"道游非常沮丧，辩解道："师傅，您不知道，我跟师弟们一比，就好像小麻雀见到了大鹏鸟，心里惭愧极了。"

广固禅师又问道："那么你说说看，大鹏鸟怎样的大？小麻雀又怎样的小？"道游答道："大鹏鸟轻轻一展翅，就能飞越几百里，而我无论怎样努力，也只能飞出几丈而已。"广固禅师听了他的话，意味深长地说："大鹏鸟一展翅就能飞出几百里，它能不能飞越生死界线呢？"道游禅僧默然不语，收起自己的行李，再也不提云游的事了。

有人觉得自己的岗位很普通，感叹自己的工作谁都可以做，时常高兴不起来。其实，即使同样的工作许多人都能做，但不是谁都可以做；即使自己的工作别人也能做，但未必做得都一样，自己多少还是有独特的地方。如果将自己在某方面无人能比、不可替代作为自己快乐的前提，简直是对自己的折磨，而且几乎没人能够做得到！举个例子来说明一下吧！就像千年一帝秦始皇，扫荡六国后统一中国，其功勋恐怕很少有人可以与之匹敌的吧？但他驾崩后没多久，经过小乱之后而有了汉，历史不是又前进了一大步吗？

俗话说，人比人，气死人。其实，每个人都是独特的自己，没有必要和别人比较。即使我们某一方面比别人差，也要学会从别的方面找到平衡。也许在另一方面，我们比别人还要优秀。

心灵小酌

一个人不能等到优秀得别人都仰视自己、无法代替自己的时候，才感到快乐。做有决断力的自己，远离一切干扰，自己做决定。

学会放手，不要操心所有事

有的女人缺乏决断力，因为她们天生是个操心的命。她们的心无时无刻不在担心这担心那，好像一刻也不能放松，于是，她们的整颗心都是紧绷着的。在生活中，无论是大事还是小事，她们都不放心让别人去做，而是亲力亲为。她们永远只是一个人在考虑自己要做什么、做成什么样的程度，没有一个人伸出援助之手，而且，造成独自做事结果的原因，并不是其他人不愿意帮忙，而是她们拒绝别人帮忙。对此，特地提醒那些缺乏决断力的女人，不要太操心，很多人和事都无须你亲力亲为。

　　况且，如果在日常工作中，我们并不只是一个普通员工，而是领导者，在这样的情况下，还保持着凡事亲力亲为的习惯，那下属到底适合干什么呢？假如我们真的站在领导者的位置，需要将更多的机会让给下属去展现，这既可以有效地锻炼出下属的工作能力，还能够凸显领导者的威严；一个领导者若凡事都亲力亲为，那样的工作量是相当重负荷的，而且下属只会议论"领导根本不相信我们，什么事情也不交给我们去做"，如此一来，不仅累了自己，也将别人展现自我的机会剥夺了。对此，我们要想活得潇洒一些，轻松一些，就不要去操那些不属于自己范围内的心，有些事情大可以交给别人去做，我们只需要适当指导，等待结果就行了。

　　王姐从小就有个习惯，对于有关自己的事情，她必定要自己去做，而不放心任何其他人去做。在她年纪尚小的时候，有一次她背着厚重的东西回家，身边的朋友好心建议说："让我帮你背一程吧。"结果她拒绝了，理由是怕对方将她的东西掉在地上。

　　长大后，王姐的这个习惯一直没改变。高中毕业后，王姐就在一家蛋糕店当了收银员，平时没事就守在那个柜台边，不让任何人接近自己的工作位置。店长吩咐："你在有时间的时候，教教店里的导购收银。"结果，王姐经常将这样的吩咐忘记，她从来不放心自己的工作让别人去做。就因为这样独特的习惯，她在店里的人缘相当不好，但她工作倒是很负责任，工作了几年后，便升职当了店长，这样一来她显得更忙了。早上，她是第一个到店里，晚上她是最晚离开，因为她不放心任何一个店员，她需要亲力亲为收货、摆货、收银，虽然这样一来，自己算是放心了，但长久以往这样拼命地上班，王姐真是疲惫不堪。但她若想到不去店里，让店员们去做，她的心就更累。

没过多久，王姐终于累倒了，躺在医院里，她所担心的还是蛋糕店："今天货到齐了吗？""货物摆放得整齐吗？"坐在床边的老公忍不住说："你总是这样，凡事亲力亲为，你以为自己多伟大，但其实是抹杀了店员们表现自我的机会，今天早上我路过蛋糕店，发现没有你，他们依然将事情做得很好，有条不紊，你就不用操心了，你现在是店长了，很多事情完全可以交给别人去做。如果你总是操心，那你永远有操不完的心，你自己也会身心俱累。"

在案例中，王姐虽然升职成了店长，但她对店里的很多事情总是亲自去做，结果病倒在床上，她的累不仅在身体上，而且来自心理。因为太过于操心，她几乎每时每刻都在想还有什么事情没做好，就好像一个陀螺，不停地转，直至最后无力地摔倒在地。其实，她完全没必要这样累，放手将一些事情交给别人去打理，不仅轻松了自己，而且给予了下属展现自我的机会。

当然，凡事都亲力亲为，这是一种负责任的态度，但若是太过火，那就是有点以自我为中心了。通常情况下，那些习惯于凡事亲力亲为的人，他们大多只相信自己，不太相信别人，因此，哪怕是一件小事情，他们也不愿意交给别人去做，而是尽量亲自去操办。这样的一种心理所导致的行为，我们且不说事情的最后结果怎么样，但如果真的大事小事都自己去做，那所造成的显著结果就是——身心疲惫。

当然，要想培养放手的习惯，首先应该学会信任别人，以及放松自己。你只有足够地信任了别人，才能放心地将事情交给对方；你只有放松了自己，才不会那么执着地想要自己亲自去做。所以，不要太过操心，让自己过得轻松一点，将某些人和事交给别人去处理，这样自己才能轻松无忧。

心灵小酌

生活中，一个女人操心太多就会使其身心疲惫，反之，如果将一些事情交给其他人去做，自己只是观看或指导，这样会轻松很多。

第07章

如果是朋友，为什么吃亏的总是你

　　有一类朋友身上总有相当强的优越感，她们喜欢使唤那些看起来老实、善良的人。于是，对朋友的有求必应，自然会让你成为朋友身边的使唤丫头。朋友之间的关系应该是相互平等的，没有谁比谁优越。所以即便善良，也要学会做自己。

别被那些小恩小惠打动

生活中，一些朋友喜欢使用"小恩小惠"的伎俩。他们平时对你恭维有加，有什么好处就会分你一杯羹，还会经常给你一点小恩小惠，让你尝到甜头。从表面上看，我们似乎是遇到了一位慷慨大方、乐于助人的朋友。但是，如果你仔细观察对方，就会发现这只不过是他亲近你的一种手段，一种伎俩。假如你真的遇到什么极其困难的事情，他一定会躲得远远的，唯恐殃及于他。而且，他还很有可能当着你的面，与你关系要好，但在背地里，却开始说你的坏话，在上司面前说你的缺点，在同事面前讨论你的是非，而当你意识到对方的真实面目的时候，早就为时已晚。所以，我们在与人交往时要谨防朋友们的"小恩小惠"，因为甜头之后很可能就是无限的灾难和痛苦。

小万和小唐都是即将毕业的大学生，她们一起进公司，一起参加公司的培训，当她们正式成为员工的时候，已经是一对形影不离的好朋友了。

进公司的第一个月，两人都在同一起跑线上，所以无论是上班下班，两人都一起，遇到工作上的困难，也会一起商量解决。可是，当第二个月的时候，小万的工作业绩就直线上升，这主要与她平时的勤奋努力分不开。而小唐虽然天资聪慧，但是她经常在下班之余就外出与男朋友约会，所以即使在上班的时候竭尽全力，也只显得业绩平平。小唐看着越来越受主管重视的小万，心里就不是滋味，但表面上还是对小万十分殷勤，经常为她带夜宵回来，还送给她一些小礼物。

有一次，公司来了一个大客户，老板就把写企划案的工作交给小万和小唐，并且表示谁的企划案受到欢迎谁就马上晋升为助理。这无疑是把一对好朋友拉到了竞争对手的位置，小万全身心地投入撰写企划案的工作中，而小唐却因为心里愤愤不平，一直没有心思工作。但是，她却对废寝忘食工作的小万照顾得很好，几乎包揽了所有的家务活，还给小万每天准备好吃的。小万相当感动，有时候也与小唐一起讨论企划案的相关事宜。

终于到交企划案的日子了，出乎意料的是小唐居然先交上了企划案。等到小万把企划案交给主管时，主管叫住了小万："小万，我看了你的企划案，写得不错，但是我不明白的一点是你的企划案构思与小唐的一模一样。本来我挺看好你的实力的，可不知道你为什么出现这样原则性错误？"小万立即惊呆了，却又不知道怎么解释，想到与自己每天相处的小唐，她的心开始凉了。

小唐正是通过平时经常给小万一些小恩小惠，结果迷惑了小万，而窃取了小万辛辛苦苦构思的企划案。其实，在日常生活工作中，也不乏这样的人存在，他们总是表面上让你尝一些小甜头，但背地里却做出一些对你不利的事情。通常来说，那些朋友都把自己隐藏得很深，他们表面上看起来像好人，但是实际心中却是另有所图。其实，这个世界上最无法满足的就是人的欲望。特别是那些不用自己付出什么就能得到好处的事情，这绝对是每一个人都无法抗拒的。而对方正是了解人们的这一心理，所以他们会在不涉及太多金钱财物的情况下，给你一些小甜头，而这时候绝大多数的人都不可能拒绝。当你那种喜欢贪人家小便宜的欲望得到了满足，其实也就是朋友计策的开始。所以，为了谨防朋友的"甜头"之后带来的灾难，你必须要克制自己的贪欲。你一定要明白，这个世界并不存在所谓的"天上掉馅饼的事情"，也不要期望有人会给你什么好处。只有自己心中无贪念，才不会上朋友的当，也就能够使这类朋友对你无可奈何。

除了克制住自己的贪念，还要学会拒绝。有的朋友善于使用"糖衣炮弹"的计策，即便你已经婉拒了，但是对方依然会"锲而不舍"地对你更加的"友好"。这就犹如男人在对自己心仪的女人进行不断地纠缠一样，所以，你在面对朋友连连不断的"小恩小惠"的袭击时，就更应该做出直接的拒绝。

当然，拒绝也是需要讲究技巧的，既不能伤了双方的和气，又能让人觉得你的理由是恰当的。比如，对方常常在下班之后对你提出一起吃饭的邀请，那么你就可以委婉地说："实在抱歉，我已经和别人有约了"或者"今天感觉有点累，要不改天我做东，请你吃饭"。这样能够体现你是真的有事，或者真的累了，他自然也就不会再强求。

有的人对于别人的好意不好意思拒绝，常常被动地接受了。那么，即便你接受了对方的恩惠，也要时刻警惕随之而来的麻烦。如果恰逢是你即将晋升的时候，或者是你有了一个很好的工作构思而对方没有的时候，面对这种关键时刻，你要千万避免与他进行过于频繁的交往，也不要把自己的情况过多地暴露给对方，与他保持一定的距离。至于那些他给你的好处，你可以选择置之不理，如果你实在是良心过意不去，那也可以同样的方式反赠于他。

♥ 心灵小酌

其实，女性朋友们在面对那些善于使用"小恩小惠"伎俩的人时，最关键的一点就是要克制自己的贪欲。只要你不去占人家的小便宜，对于他人给予的小恩小惠予以拒绝，那么对方的"恩惠"对你来说就一点杀伤力也没有。

也许你们的关系并不像想象中的那么熟

女人总容易感性地陷入浓烈的友情之中，深信身边所谓的"好朋友"。何为"杀熟"？我们经常所说的"杀熟"就是绞尽脑汁、不择手段地专赚、专骗熟人钱物，损熟人而利己。换句话说，就是利用朋友、熟人之间的相互信任，采用不正当手段赚取熟人、朋友的钱财。"杀熟"这样的行为大大地冲击了社会伦理规范底线，动摇并瓦解了人际的信任关系，使社会信任陷入危机。有时候，恰恰是我们身边最亲密的朋友，反倒伤害我们最深。所以，我们在与朋友的交往中，要善于观察对方的言行举止，小心被爱"杀熟"的朋友宰。

老王是一位退休干部，整日在家里弄一些花花草草，日子也很清闲。可是前不久，老王却被骗了二十几万元，那几乎是老王家里所有的积蓄，这可把老王急上了火，儿子女儿也都回来了，安慰老王："钱没了可以再赚，只要你健健康康就好。"

儿子女儿通过反复的追问才知道事情的来龙去脉，原来年前老王老家的兄弟给老王介绍了一个朋友，说那位朋友在一个投资公司上班，如果能够借一笔钱给他投资，他一定会连本带利地归还，并且许诺给老王高于银行的利息。善良单纯的老王凭着对自家兄弟的信任，而对方又是亲戚的朋友，就答应了，当即借出了五万元。此后，那人又频频增加借贷金额，短短两个月就从老王那里借走了二十万元，这时老王才发现事情的不对劲，赶忙报了警。

可是，由于借款人为老王出具了正规的借条，并且他所提供的身份证明也是真实的，所以在法律上并不构成诈骗。后来，老王的儿女们辗转了好几个地方分别报案，直到后来借款人另外的债主把他告上法庭，那个因赌博把巨款挥霍一空的人才被绳之以法。但又有什么用呢？他赌博把所有财产都搭进去了，老王的钱是要不回来了。老王闻讯钱都要不回来的时候，伤心得昏了过去。

在现实生活中，绝大多数人都会对自己身边的熟人、朋友过分地相信。其实，熟人作案在现实中并不少见，"杀熟"

之所以能够轻而易举地得手，除了对方的无耻之外，受害人过于相信熟人也是一个重要的因素。

有的人在反复上当之后依然执迷不悟，更可悲的是，有的人自己被人宰了，还对其感激不尽，可以说完全是"自己被卖了还帮着别人数钱"的愚蠢行为。面对与我们有着亲密关系的朋友，我们更应该清楚地了解对方的为人，以免自己不小心上当受骗。

喜欢交朋友的张女士最近频频诉苦："以前的一个朋友突然找我，向我推销保险，我不想买，但碍于情面又不好拒绝，实在有点烦。"像张女士一样遇到熟人推销保险的情况确实很多，因为很多保险业务员都是从熟人开始做起的。

"杀熟"之所以能够得逞，根本上利用的就是熟人、朋友之间的一种信任关系。因此，在很多时候，我们并不能因为对朋友的信任，就相信他所说的一切，并愿意为其提供帮助。其实，正因为对朋友有所信任，所以你更应该清楚地判断事情的性质，要小心提防那些"杀熟"的朋友。

如果你的朋友真有欺骗你的嫌疑，你说出自己的想法，就会对他有一定的震慑作用，让他明白你不是好骗的，让他趁早打消这个念头。

有时候，对方向你借了大笔钱财却想办法不再提还钱，这时你就不要怕啰唆，对他进行反复提醒。当然，如果朋友真的是有难处，并且给你说了具体的还钱日期，那就不用去反复提醒对方还钱。而对于那种不怎么信守承诺，并且一次一次拖延还钱日期的人，你就要时时提醒对方，不要因为自己难以启齿而最终当了"冤大头"。

有的朋友想方设法欺骗你，当你有所警觉不会上当的时候，对方还是不放弃，油腔滑调地反复说"你真不够意思，这点小忙都不帮"或者"你真是忘恩负义，亏我拿你当朋友"。那么，这样的人根本就不值得你继续交往下去，不如撕破脸皮，反而更有利于使自己摆脱困境。

你可以让推销保险的朋友把话说完，这是他们的工作，尊重他们，给他们一个推销保险的机会，然后说："我是觉得很不错，不过我还是要回去问一下我老公，保险都是他在管，我必须经过他的同意。"假如朋友过了几天，不死心地追问，你可以直接婉拒说："我老公觉得这个保险很好，但是我们目前不需要。"

中国人毕竟讲究"情"面，所以当亲朋好友说："拜托，就差你这单业务了，假如没有做到就没办法达成业绩。"很多人都会因此招架不住，这时你可以直截了当地说："暂时不考虑，有投资打算，自己正想向朋友借点钱做投资呢。"

心灵小酌

如果你对某位朋友有所怀疑，千万不要因为怕破坏彼此的关系而闭口不言，不管你们之间的关系有多密切，都要直言不讳地讲出自己的担心。

朋友，有时候也不必来者不拒

在日常生活中，女人们总喜欢玩到一块，与朋友处于一种极为亲密的关系，一起吃饭、一起逛街、一起聊天，彼此朝夕相处、形影不离，甚至哪天没有见到对方，就会觉得不对劲。而且这样的人做任何事情，做任何决定都想要征求朋友的意见，希望对方能给我们做主。其实，这都是过分依赖朋友的表现，无形之中使朋友成为自己的"拐杖"。当然，朋友作为一种亲近的人际关系是必须的，不过，并不意味着我们要处处依赖朋友。毕竟，朋友就是朋友，在彼此的情感上都是独立的，朋友的身份并不能取代父母或自己，对朋友的过分依赖只会让对方感到厌烦。

朋友就如同冬日里的暖阳，让我们感到温暖，也让我们感受到友谊的深切。但是，当这样一种友谊变得过分强烈，就会让人深陷其中。于是，两个朋友之间的愉快相处，导致她们忽视了其他人际关系的确立，她们会将其他人排除在自己的社交圈子之外，然后用越来越多的时间与朋友待在一起。其实，朋友之间的相处，最关键的就是要拒绝"朋友对自己的过度依赖"。我们需要成为彼此的军师，而不是拐杖。

小丽和娜娜一起上了同一所大学，读了同一个专业，她们是一对形影不离的好朋友。她们一起吃饭、一起睡觉、一起上课、一起泡图书馆。娜娜从小生活在父母的呵护下，因此她总是习惯性地依赖自己的父母，做任何事情都要先问过父母。可是上了大学，离父母远了，即便遇到什么事情，远在家里的父母也帮不上忙，于是她就渐渐地把这种依赖转移到小丽身上。小丽个性比较独立，做什么事情都自己拿主意，这让娜娜很是羡慕。

刚开始，面对娜娜的依赖，小丽自有一种优越感，她觉得娜娜就像个孩子，照顾好娜娜的生活让她觉得有种说不出的骄傲感。可是，时间长了，小丽就有点不耐烦了，因为她交了男朋友，她不希望自己在约会的时间里接到娜娜的电话，但是，每次约会都会被娜娜一个电话破坏了全部兴致，所以有时候干脆三个人一起出去玩，这让小丽觉得心里不快，也让小丽的男朋友觉得窝火。

大二那年的情人节，小丽本来跟娜娜说好了，这个节日自己与男朋友一起过，无论发生什么事情都不要给她打电话。娜娜一口应承下来："你就放心吧，我绝对不会麻烦你的。"于是，小丽就与男朋友一起去吃晚餐，正在两人开始用餐时，小丽电话响了，电话里传来娜娜的哭声："小丽，我不小心摔倒了，你快来啊。"小丽面露难色，男朋友见状也有些不快，因为每次约会都会出现这样的情况。小丽想了想，还是赶忙去找娜娜，到了那里一看，只见娜娜一个人坐在地上，原来只是不小心摔了一跤，膝盖擦破点皮，根本没有什么大碍。

娜娜对小丽的过分依赖，间接地影响了小丽与男朋友之间的关系。其实，有些小事情完全可以自己处理，自己拿主意，而不是凡事都要依赖朋友。如果你过分地依赖朋友，只会使双方的关系越来越糟糕。

我们在与朋友相处的时候，一定要保持自己的独立性，要学会自己处理事情，不能什么事情都依赖朋友。这就需要我们把朋友看作军师，而不是拐杖；并且有意识地拓展自己的社交圈；结交一些新朋友，你就会慢慢减少自己对朋友的依赖，使朋友也有一个自由的空间。

我们在与朋友交往的时候，只需要成为朋友的军师而非拐杖。军师只是在朋友身边出谋划策，提供帮助的人；而拐杖却是朋友能够站立的主要依附，没有拐杖，朋友就站不起来。这就是两者之间的区别，你可以审视朋友对自己的建议是怎样的态度，就会发现朋友对自己是否有依赖性。一旦你发现朋友对自己有一种很强的依赖性，那就需要与其保持亲疏有间的关系。适时告诉朋友：很多事情需要自己去做，而不是处处依赖自己。对朋友的一些无理要求或依赖性的请求，予以拒绝。对朋友的一些事情，我们自己只负责提供建议或意见，而不是每件事都替她做主。

当你在朋友之间的关系中寻求某种安全感，那并没有什么错，但是为了避免你对朋友的过分依赖，你必须有意识地拓展你的交际圈。当然，经常拓展自己的交际圈，你也可以认识一些新朋友。也许，刚开始你会觉得那些新朋友就像是一个入侵者，甚至还会觉得他可能会破坏你与朋友之间的关系。其实，这都是你的一种错觉，并不是新朋友给你带来了一种威胁，而是变化的环境造成了这种不舒服的感觉。

很多人会觉得，每个人的感情总量是有限的，如果你对其他人表现出善意和友好，就会在一定程度上削弱我们与朋友之间的友谊。其实，事实证明并非如此，新的朋友意味着新的人际关系、新的机会，这是为友谊注入生机，给我们带来全新的视角。

心灵小酌

如果她在遇到一些麻烦或者生活中的问题时，向你请教一些真诚、坦率的建议，那么她就把你当成了军师；如果无论是大事还是小事，都需要你来为她拿主意，而她自己却完全置身事外，那么她对你有极大的依赖性。把握好朋友相处之间的"适度依赖"，是维持良好友谊的关键。

车，到底该不该借

每到假期或周末，很多人都愿意在美好的节日出去游玩，比起挤着大巴车出门，人们更愿意选择自驾，因为开着车来一趟自驾，想必是最轻松惬意的事情。不过，一些还没买车又有用车需求的朋友可能会郁闷了："如果可以弄来一辆车开，那就太好不过了。"于是，这样的人就开始对身边的朋友进行筛选，假如恰好你有辆闲置的车，那恭喜你，估计朋友会向你借车了。借车有问题吗？据相关数据显示，超过九成的车主有过被借车的经历，大部分人由于顾及情面，勉强将车借出。假如车辆完璧归赵，那么没有问题，但如果出了什么事情，往往会引发不愉快的后果。

小张听信小文有驾驶证，并将车借给小文，结果小文酒后驾驶撞上摩托车，造成摩托车车主受伤以及另外两辆车严重损坏，而小文竟然弃车而逃。后来法院审理认为小张听信了小文的一面之词，存在一定的过错，在此事中承担一定的责任。最终，小张承担该事件超出交强险30％的赔款，共计3万元。

无独有偶，小张的朋友阿强将自己的车借给没有驾照的朋友，结果因操作不当车辆翻了，导致朋友死亡，法院一审判决阿强对朋友的损害应承担60％的赔偿责任，赔付近30万元。

根据《中华人民共和国侵权责任法》第四十九条的规定，因租赁、借用等情形机动车所有人与使用人不是同一人时，发生交通事故后属于该机动车一方责任的，由保险公司在机动车强制保险责任限额范围内予以赔偿。不足部分，由机动车使用人承担赔偿责任；机动车所有人对损害的发生有过错的，承担相应的赔偿责任。比如，出借故障车，车主要担责；借给饮酒人，车主要担责；借给无驾照者，车主要担责；搭乘"顺风车"出事后，车主要担责。所以，为了避免风险，以及一些不必要的麻烦，车主对朋友借车这件事应该保持非常谨慎的态度。

陆女士是一位广告公司的老板，她在三年前购买了一辆白色雪佛兰轿车自用。前几天，她考虑到自己的车应该年审了，就顺便去车管所办理相关手续。当时，工作人员告诉陆女士有违章记录，让她先学习几个小时，再缴清违章罚款200元。陆女士感到很奇怪："我最近这段时间一直在外地谈生意，车开得一直十分小心，从来不敢闯红灯超速，怎么会出现违章呢？"

　　但是，当陆女士拿到违章单子的时候，她明白了，两张罚款单都是借给朋友时造成的，有超速，有逆行。看着违章的时间，她突然明白了，那几天自己根本没用车，而是将车借给一位朋友出去自驾游。

　　"都过去很长时间了，我也不好意思向朋友要这罚款，只好吃了哑巴亏。"最后，陆女士只能自己缴了200元罚款，在她看来，钱倒不是问题，只是自己还需要在交警部门学习半天，扣6分，因为借车让这件事变得很麻烦。

　　车主都免不了遭遇朋友借车的情况：不借吧，朋友会说你小气；借了吧，真担心出什么事情。这是大部分车主的心声。不过，面对朋友借车，车主们也可以委婉表达自己的意见，巧妙拒绝对方。

　　假如有朋友借车，你可以直接回答"我的车子最近出了点问题，刹车总是不好，正在修理"或者"我的车子正在保养呢，我这几天都是打车上班"。一般情况下，朋友不会继续借车，假如朋友依旧想借车，你可以这样说："车子的问题有点久了，今天正好约了去检修，改天吧，等我把车修好了再借给你。"如此一来，对方会考虑到车子有安全隐患，大部分人会放弃借车的念头。在拒绝朋友借车时，你还可以说："保险已经到期，还没来得及去办理呢。"这时车子处于基本没有保险状态，朋友会觉得风险较大，一般不会继续借。或者可以说："我的车只买了交强险，平时只有我一个人开，我对自己的技术还是比较自信的。"这样，朋友就会觉得没希望借到车了。

假如是关系十分亲密的朋友，实在没办法拒绝恰巧你又有时间，你可以建议亲自送对方一程。假如朋友有很重要的事情，你可以开车将朋友送到目的地，这样既很讲义气，又能保证安全，朋友也会对你感激不尽的。

你还可以跟朋友说："现在租车也很方便，你要是嫌麻烦，我去给你租一辆车，到时候你直接去取车就可以了。"这样的话无疑是比较直接的，朋友听了知道你拒绝的意思已经很明确，自然不会再提借车的事情。

假如车子不在身边，朋友来借车，那你可以说："真不巧，车子被我爸爸开走了，下次你早点跟我说吧！"不仅巧妙地拒绝了朋友，还道了一声"下次你早点跟我说"，既不会让自己显得小气，又不会伤了别人的面子。

假如朋友来借车，你可以借用第三方将拒绝说出口，把事情推给老公，顺便向朋友诉苦："我也是没办法啊。"这样的话，相信朋友听了之后会打消向你借车的念头，毕竟，谁也不愿意充当破坏别人家庭和谐的"罪人"。

出借车辆除了最担心出事故，其次就是担心违章了。很多车主就经历过，车子还回来，发现有违章，假如回头找借车的朋友处理，还显得自己斤斤计较，最后往往吃哑巴亏。所以，当朋友借车时，不妨自己先说："我违章已经扣10分了，还有2分就要重新学习，假如不是上次朋友借车超速违章扣了6分，现在我就可以把车借给你了。"道出自己的经历和惨痛的教训，自然会引起借车人的同情心。

💙 **心灵小酌**

聪明的女人可以将"爱车，恕不外借"的名言贴在车子上，时刻提醒身边的朋友：我是不会出借爱车的。这样一来，朋友会觉得你肯定不会把车借出，自然也不会向你开这个口。这样的拒绝可以起到警示作用，将朋友的"借车"动机扼杀在摇篮里。

闺密情深，也要保持一定距离

有的人认为，既然朋友之间是无话不谈的亲密关系，那么自己对朋友也没有什么好保留的。于是，他们就在聊天的时候，出于想增加朋友之间的亲密度的心理，把自己所有隐秘的事情都说给朋友听。其实，即便是最亲密的朋友，也不要凡事都告诉给对方，给自己留一片自由的空间，毕竟那才是最安全的。在更多的时候，正因为朋友之间保留了一部分，才会使彼此的关系更加稳固，使彼此的交往更具有吸引力。

对于我们每一个人来说，都有自己的隐私、生活圈子，还有一些不为人知的个人经历，难以启齿的话语，这些都是需要我们自己保留的，只铭记在心里，而不是把我们作为朋友之间的谈论话题。如果你毫无保留地告诉朋友，只会让朋友觉得"你是个傻瓜"，或者对方根本就对你的这些隐秘不感兴趣。

最为关键的一点是，万一你的朋友是个表里不一的人呢？经过她的嘴巴把你的那些最为隐秘的事情，弄得满城尽知，到时候丢失颜面的只会是自己。而且你在与朋友交往的时候，并不能确保你们之间就能一直维持和谐的关系，不会出现任何矛盾。一旦你们之间有了矛盾，那就会激起对方的报复之心，把你的那些秘密抖搂出去，到那时候就追悔莫及了。

小李个性比较外向，喜欢张扬自己，和关系不错的朋友聊天聊得愉快了，就喜欢拿来和其他的朋友分享。

她刚踏入社会的时候，进了一家广告策划公司，在那里居然遇到了比自己大一届的学长，虽然在学校时并没有见过面，但是相同的专业让他们觉得很亲切。她与学长聊得特别投缘，学长为了帮助她尽快进入员工的角色，经常关心她的生活，督促她的工作情况。为了提高小李的工作进度，他还经常在下班之后留下来，耐心地为小李讲那些工作流程，细心地纠正她在工作中出现的错误。可是，当学长偶然听说，小李把他们的聊天内容说给了其他朋友听后，他便不再和小李聊天，只是偶尔淡淡地问候。

直到现在，虽然小李见到学长还能亲切地问候一声，但是总是感觉他们之间的距离越来越远，再也回不到从前。小李很后悔当初自己的行为，没有很好地尊重学长，破坏了彼此之间的友谊。

我们在与朋友交往的时候，需要表现出对他的充分尊重。这样的尊重不仅仅是尊重朋友之间的情谊，更重要的是尊重其隐私，无论对方与你谈论了些什么，都要视为你们之间的秘密，是不可以随便向其他人说的。因为每个人的心灵都是比较娇气的，有时候你无意的一句话，无意表现出来的一个动作就会伤害到对方，进而影响双方之间的关系。

在日常人际交往中，人与人之间都存在一定的心理距离，正是因为有这样一种距离，才使得我们的人际交往更为顺利。朋友之间也是需要保持一定距离的，既要有距离也要保持一定的弹性。只有保持朋友之间的这种弹性美，才能使双方之间的友谊更加长久。

如何保持朋友之间的弹性美呢？这就需要我们一方面要正视与朋友之间的关系，真正的朋友既不是施舍，也不是同情，而是一种绝对的信任和真诚；另一方面要与朋友之间保持一定的距离，不要凡事都干涉对方，不要主观地认为自己永远是对的，每个人都有自己的想法，我们没有资格强求对方按照自己的意图办事。

朋友之间何谓"保持距离"？简言之，就是不要太过亲密，总是一天到晚都在一起。朋友之间的心灵是贴近的，不过身体需要保持距离。而既然要保持距离就会产生"礼"，尊重对方，这礼便是防止对方碰撞而产生伤害的"海绵"。

有的人自以为与朋友关系亲密，自己说什么对方都不会计较，于是就会当面说出对她的不满。或许，这个朋友并不如我们想象中那么大度，她很有可能将这件事情怀恨在心，希望寻找机会报复你。所以，在我们向朋友坦言之前，最好认真思考这样做的后果，看对方是否会接受。

心灵小酌

　　闺密之间最重要的就是互相尊重，不仅仅是尊重对方，更需要尊重对方的隐私。即便是你最好的朋友，也会有意无意地伤害到你，因此，朋友之间需要保留自己的那片自由天地，既需要为自己保留，更需要为朋友留一个自由的空间。

第08章

亲爱的，别总在爱情里
委屈自己了

　　恋爱中，两个人在一起，不管是女方还是男方都要学会拒绝。有时候，拒绝并非不领情，而是避免不必要的麻烦。所谓的好感、暧昧是恋爱中的毒瘤，不能因为对方好就接受对方，更不能因为不好意思拒绝而接受。要相信，优质的恋情不会因为拒绝而改变。

为什么善良的你好像自带招渣男体质

在生活中，我们经常会看到这样不可思议的事情：那些看起来很乖巧的善良女人总会遭遇薄情郎。那些众人眼中的乖乖女，在她们身上都有这样的特质：忍气吞声，重视别人超过自己。几乎从幼儿园开始，这类女性就被强行灌输一种思想：做乖乖的好女孩。回忆那些儿歌里面所唱的：女孩是由"蜜糖、香料和一切美好的事物"做成的。但是，当一个女人认为不管受到什么样的待遇都必须乖巧时，就很有问题了，因为这意味着女人的乖巧要以自我克制为代价。做别人眼中的乖乖女，你必须克制自己的本性以及心理，做到传统女人的"三从四德"，结果即便是这样的贤妻良母，末了还是会遭遇薄情郎的伤害。

阿娇是一个乖乖女，与她交谈的过程中，她总会表现出唯唯诺诺的样子："做女人是很辛苦的，要外出做事养家，要照顾好老公和孩子。而且女人必须对男人言听计从，更不能说男人的不是。你或许不相信，但这是真的。我们在家就是伺候公公婆婆，帮助老公操持家务，教导孩子读书。假如夫妻两人产生矛盾，不管是对是错，都是我低头。从小妈妈就告诉我，不要与男人斗，只要操持好了家，男人早晚都是你的人。"

假如你问："这矛盾不能调和吗？难道就这样一辈子耗下去？"阿娇则会露出惊恐的样子："你是讲离婚？在我们这里，很少有女人主动提出离婚，除非是男人不要女人了，离婚的女人回到娘家，被看成一种不详，也会让娘家很没面子。你想，一个女人被男人休了，又不能回娘家，还能去哪里呢？所以，女人是很害怕离婚的，她们情愿在老公面前忍气吞声，情愿任由男人在外面花天酒地，只要男人可以回到家里来，一切都平安无事！"

阿娇身上的乖巧是源于中国传统的"男尊女卑"思想，这样的女人不管遭遇什么样的事情，总是保持一副逆来顺受的样子。她们不敢哭诉，不敢抱怨，对于这样的女人，男人自来就有一种天生的优越感。在传统思想中浸泡的女人，她们早已失去了自我，所以总是被男人踩在脚下。

小慧从小就被父母教导做大家闺秀，所以她性格温顺贤良，几乎不会说"不"。结婚后，由于老公的公司日益做大，她干脆辞职在家做全职太太，料理家中大小事情，任劳任怨。对于老公的安排，小慧从来都是说"好，你看着办吧"，不会提出异议。

老公的公司发展得越来越好，看着家中那温顺得跟小猫似的妻子，老公心里竟提不起半点兴趣，他觉得如果一个女人总是表现得非常甜蜜和乖巧，就会使人感到厌烦。渐渐地，他在外面认识了更有趣的女人，他才感觉到女人原来可以美得如此真实。尽管温顺的小慧有所察觉，但还是隐忍不发，她坚信自己的贤惠会让老公回家。

但是，她所等到的不过是一张离婚协议书。当老公将离婚协议书递到她手中的时候，她还是恭顺地说了一句："好，你拿主意吧！"

乖乖女遭遇薄情郎，这到底真的是薄情郎的过错，还是女人自身也有问题呢？纵然，我们不能否认男人在某些时候会犯一些错误，然而究其根源，却是女人自身太过于贤惠，太过于乖巧，以至于什么事情都逆来顺受，这样一方面会导致男人对你失去兴趣，另一方面也会成为男人伤害你的理由。

性格软弱的乖乖女，为了生存也会变得坚强，关键是看自己是否真的愿意这样做。性格软弱的女人大部分是因为思想懒惰，不愿意惹事，不愿意努力，认为只要软弱就可以得到自己的一切，那还努力干什么呢？这样的女人大部分依赖思想都比较严重，为了得到依赖，只能软弱妥协。

心灵小酌

假如一个女人从来不知道好好地关爱自己，当出现一位需要照顾的人时，她自然就把焦点全部投在对方身上，倾尽所能为其付出，她不是为自己，而是为别人而活；与其说她是无私奉献的乖乖女，不如说她是失去自我的爱情奴隶。

相爱，也别和盘托出所有事

善良的女人得到了男人的爱恋，和男人亲密无间，以为什么事情都可以告诉男人，似乎把自己的所有心事都告诉男人，才能表明自己对男人的爱情，而男人此时也会兴趣倍增，非常乐意分享女人的快乐和幸福。殊不知，女人在倾心地向男人表白时，男人心里已经滋生出了别的想法。尤其是当女人把自己的过去讲给男人听时，男人更是会醋意大发，对女人刨根问底。

当女人心中所有的事情都袒露在男人面前时，女人也就变得一览无余了。此时的女人，在男人眼里，不再是一张漂亮的图画，而是褪了颜色的斑驳画布，面目全非。男人对女人的兴趣就会踪影全无。

女人对男人，不是所有的话都可以说、可以讲，有些话藏在女人心里几年，或者几十年，稍微触动，女人的心就会痛楚万分，如果被男人获悉再揪住不放，女人的婚恋生活将会一片暗淡。

兰心和张林开始了新婚生活，张林对兰心奉若至宝、呵护有加，唯恐兰心不开心。有了张林的疼爱，兰心感觉自己的情感有了依附，生活有了依靠，她把张林当作自己的唯一，每天和张林说说笑笑，感觉很快乐。兰心和张林的关系也日渐升温，亲密得如同初恋情人。兰心对张林非常信任，有什么事情都对张林说，张林对她说的事情往往表现出浓厚的兴趣。

但是，令兰心没有料到的是，当自己无意间把自己的初恋说给张林听时，张林竟然对兰心刨根问底。原本是已经过去的事情，但是张林却非要问个究竟。兰心说了一遍又一遍，张林竟然大发雷霆，质问兰心和初恋男友是否还有联系。兰心有口难辩，心怀疑虑的张林对兰心大打出手，兰心的身心遭到了巨创。

此时，兰心后悔莫及。虽然自己已经和张林结婚，但是她对张林的感情始终没有改变，以为把心里所有的事情都告诉张林，才能向张林表白自己的爱情。她完全没有想到，即使和张林的关系再好，也应该保持亲密有间，有些话说出来，不仅对自己无益，对对方也是很大的伤害，最终导致婚恋出现危机。

受男人宠爱的女人，即使与男人的关系再亲密，也要给自己保留一定的回旋余地，有些不能说的话，要深藏在自己心里，即使男人有所猜疑，严厉询问，也不能说出自己心里的秘密，否则就会招致祸患无穷，女人的婚恋将会走向失败，走向死亡。事例中的兰心，以为自己和张林已经结婚，说话毫无芥蒂，把自己和初恋男友的事情全部抖搂给张林，引起张林的怀疑，被打致使身心受到伤害。

为了不使自己受到伤害，婚恋中的女人，和男人相处时，要做到亲密有间，平时和男人说话，要经过周密思考，那些不利于自己，不利于婚恋的话不要说。女人要做到亲密有间，就要和男人保持一定的距离，即使对男人完全了解，也要做到防患于未然，有些不能对男人说的话要守口如瓶，以免泄露心中的秘密，引起男人的不满和猜疑，对自己的身心造成伤害。

与男人相处，即使很亲密，也要做到亲密有间，有些话不要轻易说出口。婚恋中不给男人留"话柄"，女人就能生活得很开心，很自由，很舒坦。与男人亲密无间的女人，说话口无遮拦，渐渐就会产生隔阂。此时的女人，再想掩藏自己心中的秘密，企图恢复和男人的正常关系，和男人和谐相处，已经绝无可能。

因此，女人和男人无论关系多么亲密，都不要急于向男人表达自己的情感，坦白自己心里的秘密，那样只是不成熟的表现，女人说话要注意考虑后果，是否应该说出来，要看男人的气量有多大，如果男人可以接受，说出来对双方没有什么伤害，女人就可以毫无顾虑地说出来。如果有些话说出来对自己无益，还会给婚恋生活带来阴影，最好还是藏在心里。

💗 心灵小酌

对男人亲密有间的女人，男人才会对她充满兴趣；在男人面前完全暴露自己的女人，男人就会认为她平淡无奇，渐渐对她失去兴趣。因此，要想使自己的婚恋更长久，女人与男人相处要做到亲密有间，有些话不要轻易说出口。

卑微到失去自我的爱情，不如不要

有人说："喜欢一个人就像是吃一块糕点，精致，香甜，而又不腻人，从舌尖的丝滑到心头的甜蜜，不可取代，也从不曾遗忘。"爱情是美好的，无论是爱别人还是被爱都是幸福的，那眼神中不一样的风采，那脸上如花般灿烂的笑容，都让我们感受到爱情的甜蜜。但爱从来都不是一件委曲求全的事情，爱是尽情舒展的，当你的爱被践踏，被人无数次地利用，你已经无力去爱了，那就不如放手吧，因为太卑微的爱情，宁可不要。

张爱玲曾写过这样一句话："遇到他，她变得很低很低，低到尘埃里，但她心里还是喜欢的，从尘埃里开出花来。"张爱玲这个从小内心受到创伤的女孩子，性格细腻又敏感，但遇到了颇具才华的胡兰成，她的姿态一下子变低了，即便她曾经是女神一般的高傲，但爱上一个人，内心就变得很低很低，这是张爱玲的爱情观。但后来胡兰成背叛她的时候，她变得清醒决绝："我已不喜欢你了，你亦是早就不喜欢我了……不用找我或者写信，我亦不会看的。"在现代社会，我们并不主张这样卑微的爱情，当女人已经将自尊都不要，还有什么样的心情来享受爱情呢？

有的男人确实会让你第一眼就觉得他是真命天子，仿佛你等了那么多年，其实就只是为了那一瞬间的命中注定。但真正地接触起来，才发现他有许多不可逆转的人性弱点，会让爱情死于非命。

张爱玲说："这些年，我一直在想，如果当初委曲求全地爱下去，最终是会有好的结果，还是过着更惨淡的婚姻生活，可惜生活里没有如果。"

在别人眼中，她是一个高傲的女孩子，但在他面前，她是完全放下身段的。两人的相识就好像童话故事中的情节一般，等到他提出约会邀请的时候，她简直是期待多时，迫不及待地前往。第一次的约会地点是在西餐厅，原来，他有着殷实的家境，父亲是机关里的小领导，母亲经商，而她出生于单亲家庭，靠着母亲微薄的工资度日，这样的对比使得她有些自卑。

在接触的过程中，除了感受到恋爱的美好，还发现了他的一些缺点。他有点大男子主义，如果他认为对的事情，就算是错了，也不能说错。争吵过后，总是需要她先低头，否则他可以一连几天都不理她。为了爱情，她容忍了这点不完美，把自己的高傲和骨气丢开，学会做一个乖巧的女朋友。

不过，见过他的家人后，她才算真正踏上"委屈"的旅程。有一次与他的母亲聊天，他母亲直言不讳地说："你是单亲家庭？童年有阴影的孩子，长大后心里多少会有些不健康。"她笑着说："我童年没有阴影，父母是我上高中后才离婚的。"他母亲不客气地说："看你这样跟长辈说话就知道，唉，单亲家庭的孩子家教就是不好。"她在他们家只住了几天，感觉特别压抑，做任何事情都需要小心翼翼，否则便会被耻笑，而这时他也在母亲面前变了一个人，唯命是从、说一不二。面对这样委曲求全的爱情，她最终选择了放手。

爱是尽情舒展的，令人舒服的。而鸡肋爱情，食之无味，弃之可惜，在生活中，许多女人的爱情就成了鸡肋的一种，这时是果断地放下，还是将就地继续呢？在爱情中，如果觉得自己受了委屈，那就不要勉强；人生不能无奈将就，爱情也不能委曲求全。因为他不够爱你，但你太爱他，在他面前，你必定需要委曲求全，处处讨好他，凡事让着他，最后连自己的自尊都可以不要。这样委曲求全的爱情是无法幸福的，只会让女人更受伤，当你在不断地付出的时候，他只会伸手索取，不仅如此，还会做一些伤害你的事情。所以，女人，请选择可以尽情舒展的爱，而不是委曲求全的爱。

💙 心灵小酌

爱情只是你生命中的一个小小模块，亲情、友情、爱情，它被排在最后，是因为它就在最后，你可以说它是你生命的百分之一，却一定不要认为它是你生命的百分之九十九，甚至是全部。假如一段爱情让你失去了自尊，那就弃之，因为卑微的爱情无处绽放。

他的暧昧，不值得你付出真心

男人的暧昧，总会让那些心怀善意的女人掉坑。不知道什么时候，这世界开始流行起了"暧昧的游戏"。暧昧，它不牵扯友情，也与爱情无关，且不附带任何责任。由于这样的游戏既不牵扯灵魂，又可以享受快乐，还为许多人省去了麻烦，所以，它受到了新时代男男女女的欢迎。我们生活在一个素食时代，所生存的空间里到处充斥着暧昧的因子，随时可以展开一段暧昧的游戏。

于是，又有人调侃，多情的男人，浪漫的女人，不安分的心，在暧昧的掩饰下活色生香地演绎着一个又一个心照不宣的激情游戏。那看似不经意的笑容，富有挑逗的眼神，暗示的语言，既有情调又可调情，让人感受到前所未有的愉悦。但是，暧昧真的有那么好吗？再激情的邂逅也只不过是一个游戏而已，不会成为真正的生活。

有人把暧昧当作无聊生活的调剂品，有人把暧昧当作激情的出口，实际上，暧昧是一种最不靠谱的情感，也是一场最危险的游戏。也许，在我们生活中到处弥漫着暧昧的味道，连虚拟的网络也难逃它的肆虐，这像雾像雨又像风的暧昧，似乎成了一种深入人心的东西。不要步入暧昧的旋涡，也别痴迷别人发起的暧昧，要是不小心陷进去了，最好能及时清醒快速离开，因为暧昧的游戏，我们都玩不起。

阿米大学毕业就面临着四处找工作的压力，但凭着自己的姿色，她毫不费力地进入了一家公司做前台。尽管职位比较低，但对于阿米来说，能找到工作已经很不容易了。阿米刚到公司上班不久，就莫名其妙地被调到了经理办公室做秘书，阿米以为是因为自己工作勤奋所以被领导提拔了，她觉得很高兴。

她到了经理办公室工作之后，经理就不时地表露出对她的关心。一天下班，经理说："晚上我请你吃饭吧，庆祝你升职，也为我们以后的合作做一个深入的了解。"面对经理的盛情邀请，阿米受宠若惊，欣然答应了。之后，经理还会不时地送一些礼物给阿米，像名贵的手表、项链、珠宝，阿米自然觉得自己很受恩宠，总是来者不拒。两个人逐渐形成了一种暧昧关系，其实，阿米知道经理有老婆，还有个五岁的儿子，但是她觉得不在乎，也爱上了暧昧所带来的激情。阿米觉得这样的日子过得很安逸，可是，一次不经意间她发现自己怀孕了，经过一段时间的相处，她觉得对经理有了感情，也想有个家。可当她把这个消息告诉经理的时候，经理却轻描淡写地说："做掉吧，你应该做好避孕的，怎么能这么大意呢。"阿米很伤心，可还是去医院做了手术，没想到手术之后阿米竟然大出血，医生对她说，她也许以后再也不会怀孕了。

经理似乎对医生的结论很满意，高兴地说："这不正好吗，免去了怀孕的麻烦。"这时候，阿米才看透经理的嘴脸，她也终于知道暧昧并不是谁都可以触碰的，至少自己玩不起这种游戏。

面对暧昧，女人容易心动，男人容易冲动，谁都不能保证自己不会陷进去。实际上，暧昧本来就是一个危险的游戏，每一个深陷其中的人都会为此付出沉重的代价。暧昧之后，是更多的伤害和空虚，你已经不再被爱情所垂青，甚至被爱情所遗弃。所以，在爱情的道路上，请舍弃暧昧的游戏，真诚地面对爱情，获得爱的体贴与温暖。

记得杨丞琳曾唱道："暧昧让人受尽委屈，找不到相爱的证据，何时该前进，何时该放弃，连拥抱都没有勇气……"

看，暧昧不过是一场游戏，不知情的人在痛苦与思念中备受折磨，最后只能放任自流，失去自我。有的人虽然进入了"围城"，但还是想激情放纵一回，于是背着另一半玩起了暧昧。既想在对方面前展现出良好的爱人形象，还要藏藏掖掖地干着暧昧的勾当，这样的生活其实会很累，还要不时地担心哪天露出马脚，这样不仅会灼伤自己，还会焚了爱人的心。这又何苦呢？世间游戏千万多，何苦偏偏抓着暧昧不放呢？

也许有人会说，我们可以只暧昧不玩火，一定掌握好火候。但是，有可能吗？暧昧就是因为贪婪欲望之门被打开了，如果你能够及时收手，就不会踏进暧昧的旋涡了。毕竟，暧昧玩的就是心跳，玩的就是刺激，玩的就是新奇，正在暧昧之中的人谁能及时"悬崖勒马"，绝大多数的人都是"不见棺材不落泪"，以至于最后赔了夫人又折兵。所以，请远离暧昧游戏，投向爱情的怀抱，因为只有爱情才会给你温暖，暧昧所带来的只有伤害。

心灵小酌

当你离暧昧越近，爱情就离你越远，因为爱情不是作秀，更不是一种游戏，爱情需要真诚地付出，彼此包容，共同体验爱的真谛。有多少人因为深陷暧昧之中，难以自拔；又有多少人因为玩暧昧丢失了爱情，追悔莫及。

宁缺毋滥，感情不可将就

不知道从什么时候开始，婚恋交友这件原本羞涩而私密的事情，变得越来越公开和高调，但是，外表的骚动并没有让更多的人找到合适的交往对象。对于剩女而言，她们通常会保持两个阵营：一是因觉得自己年龄大了，不如放低择偶条件；二是即便自己是"剩"下来的，但还是不会放低自己的择偶条件。前些年，在剩女们嘴里流行这样一句话："宁缺毋滥。"意思是，宁愿顶着剩女的名号，也不愿意随随便便就找个男人嫁了，这样的婚恋观一直被剩女们坚持。即便是剩女，也需要站得高一点，而不是随便找个男人，凑合过日子。

一些剩女内心有种恐慌，一旦自己过了25岁，就好像真的被剩下了一样，她觉得自己的择偶范围一下子变得狭窄了，别人介绍的都是接近30岁的异性，如果自己年龄再大一点，是不是就得找小老头了呢？貌似自己真的到了没人要的地步，在这样的恐慌中，她们竟像到菜市场买菜一般，随意挑选，随便就找个男人凑合过日子。这样的女人就是将自己的姿态放低了，从而局限了自己，而这样随意寻找一个对象而组成的家庭，是很难幸福的。

小慧有一段长达五年的感情经历，其中曲曲折折，最后两人还是选择了分手。可是，等小慧结束这段感情之后，她已经28岁了，与身边同龄女性的生活比较，她已经是大龄剩女了。

父母催得紧，朋友也经常询问自己的感情状况，这让小慧承受了很大的压力，好像成为剩女是犯了多大的错误一样。同时，她觉得自己已经28岁了，又经历了那么长的一段感情，自然有些自卑。有朋友介绍年龄相近的，小慧都是婉言谢绝，她害怕别人不接受自己。这样拖了一年，小慧已经接近30岁了，这时她才着急起来。

自己不可能这样单身一辈子，不如早点找个人结了吧。然而，对她而言，结婚也是不容易的，因为她发现到了这样的年龄，竟有不少人给她介绍的是离婚的男人，有的还带孩子，那表示自己贬值了吗？小慧慌了，她觉得自己如果再拖下去，那肯定会越来越没有价值。于是，在一次相亲之后，小慧就匆匆忙忙地与对方举办了婚礼，顺利地将自己嫁了出去。

谁知，结婚不到一年，两人的感情就出现了问题。由于婚前的感情基础很薄弱，两人经常会出现争执，吵架了就会说离婚。小慧疲惫了，结果结婚九个月就办理了离婚手续，现在的小慧还是单身，她吸取了闪婚的教训，决定不再随便将自己的幸福交出去，而是要慎重对待，也不会再局限自己。

目前，中国适婚未婚的单身人群有1.6亿人，被婚恋困扰人群达2.8亿。调查显示，相对婚姻窘迫的剩男，剩女多为高智商、高学历、高收入的"白骨精"，在经历过刚被叫作"剩女"时的急躁和担忧之后，现在有许多大龄女青年却有一种前所未有的坦然。

一位30岁的高级白领说："我未来的丈夫要有梁朝伟的外貌加蔡康永的口才，要能够顾及削苹果、剥虾壳这类小事来照顾我，不一定要有肌肉，但要爱运动，要有学问，最好对某种东西有深度的研究以便让我产生持久的崇拜感。另外，我认为好男人还要适当有点坏。"尽管她还没遇到这样的男性，但她没打算放低自己的择偶标准。因为站得比较高，所以她们并没有局限自己，从而降低自己的择偶标准。如今的剩女更加注重婚姻质量以及在家庭中的地位，她们之所以有能力徘徊在婚姻的围城之外，这与她们摆脱了对男性的经济依附并由此产生的婚姻需求有着极为密切的关系。

不管你是因为什么原因剩下来的，都不要怀疑自己的价值和魅力，不要因为年纪大了就随便找个男人嫁了，不要因为自己过去经历不堪就怕被别人看不起。

♥ 心灵小酌

即便自己被列为了剩女行列，也需要坚持宁缺毋滥，不要委屈自己的原则，毕竟结婚是一辈子的事情，选错了那就输了一辈子。对待择偶，需要慎重又慎重，站高一点，而不是局限自己。

第09章

身处职场，好好先生真的受欢迎吗

许多职场女性对于先人后己地满足他人需求总带有一种强迫感，事实上，取悦他人并不只是你做了什么，某种程度上还是你认为你自己是什么样的人。在日常工作中，做好本职工作才是基本，别让自己成为好好先生。

你的任务是做好工作，而非来者不拒地帮助他人

在职场生活中，有时候身不由己，经常会遇到同事请求自己帮忙做一些事情。假如自己从来都比较热情，或者不好意思拒绝同事，那时间久了，同事所提出的请求将越来越不合理，自己则可能会陷入越帮越忙的难堪境地。通常情况下，对同事的不合理请求来者不拒，即便是牺牲自己的工作也在所不惜的人，内心都是比较脆弱的老好人，他们在拒绝别人方面存在着心理障碍，担心伤害别人的面子，只能自己硬着头皮上。同时，他们觉得自己无原则地帮助别人是可以体现自己价值的。但是，他们往往忽视了，自己的时间和精力是有限的，在职场中，只有尽全力将自己的分内工作做好，才能够真正体现自我价值。

露露曾经在一家文化传媒公司做文员，平时自己的工作就比较繁杂，她还经常帮同事做事。每当同事提出需要帮忙，露露总是来者不拒，即便放下自己手头的工作，她也先帮别人把事情做好。尽管她自己累点，但总算赢得了同事的喜爱。

后来，行政部准备提拔一位经理，在公司工作多年的露露觉得自己应该很有机会，毕竟过去自己长时间为同事服务，在公司真的是"鞠躬尽瘁，死而后已"，如果自己不能如愿提拔，那真是对自己不公平。没想到，最后是一位平时只做自己工作但从来不愿意帮助别人的同事晋升了。露露百思不得其

解，她跑去问人事部主任，主任当即说："管理层在讨论晋升人选的时候，确实考虑过你，不过，大家都说你虽然很喜欢帮助同事，但自己的分内工作却没有做得十分出彩，没有让大家看到你在工作技能和管理能力上的提升，同时也担心你这样不懂得拒绝别人的请求，喜欢做老好人，可能在管理岗位上疲于应付，不能坚持自己的原则，所以……"

这件事之后，露露得到了很大的教训，她终于明白：职场如战场，是需要拿出自己的真本事，拿出自己的工作业绩的。只有努力开拓出属于自己的一片职业新天地，用心耕耘，创新精神，才能得到领导的认可。如果自己仅仅是作为一个老好人，是完全没办法体现自己价值的。

许多职场中人都有跟露露一样的经历，越帮越忙不说，还越帮越不开心。同事的事情倒是解决了，但却耽误了自己的工作。甚至，有时候给同事做了半天的事情，末了还讨不了个好，连句"谢谢"都不曾听到，好像自己做事情是理所应当，要帮就必须帮好，否则自己就不够义气。所谓的老好人，自己的内心苦闷又该向谁诉说呢？

快下班的小王接到了同事小张的电话，他很着急地请求小王再帮他一下，写个新方案给客户，他说客户已经催了他好几次了，而他确实没时间，因为小张最近谈恋爱的关系，小王常常帮小张写方案。

最近步入爱河的小张是小王在公司里关系比较要好的同事之一，以前他们经常会在下班后一起打球、吃饭。本来，小王挺欣赏小张的洒脱和率真，所以在一个月前当小张一脸兴奋地说自己谈恋爱了想请他帮忙做个方案的时候，小王毫不犹豫地答应了，以此给小张更多的时间去谈恋爱。

但是一个月下来，小王发现自己越来越不快乐，已经讨厌总是替他做事。但是，应该怎么拒绝呢？小王觉得拒绝的话很难说出口，作为好朋友是应该互相帮助的，如果自己开口说拒绝，会不会失去这个朋友呢？

在案例中，当小王愿意帮助小张的时候，他可以去帮助他，假如小王内心不愿意再帮助小张的时候，他就可以用这样一简单方法来拒绝他：先了解清楚情况，理解对方，再告诉他自己的想法，同样也需要对方的理解和帮助。在拒绝同事的时候，表达友好和善意是我们拒绝时最重要的原则，它可以帮助我们建立更适宜、更和谐的人际关系，在这样的前提下，我们可以使用其他的方法，或者找一些小借口，也可以很好地拒绝同事。

办公室里的同事，需要相互帮忙的时候比较多，当然，在我们力所能及的情况下，帮助同事是很有必要的，毕竟这样做可以给我们带来很多的好处，比如建立和谐的人际关系以及高效地工作。不过，在职场工作中，也会有同事提出一些不合理的要求，这时我们应该怎么办呢？我们经常不愿意拒绝别人的要求，是因为我们担心会失去与他们好不容易建立起的良好关系，所以在面对同事的不合理要求时，我们会感到十分为难。

其实，当我们没有学会灵活地拒绝别人的时候，尽管表面上我们答应了对方的要求，但实际上，在我们内心深处会积压许多怨气，这会让我们感到痛苦，从而在某一天影响我们与他人的交往。所以，拒绝同事，学会积极的沟通技巧，学会合理地表达自己的感觉，这对我们是非常重要的。

每个人都必须知道，自己拥有拒绝别人的权利，然后找一个可以轻松说话的地方，并且考虑说话的时机。之后考虑清楚要拒绝对方要求中的哪个部分，并且预先准备好可以明确传达出"这个事情我没办法帮你，但假如改成……我就可以帮上忙"的讯息。

假设完全接受对方的请求是100%，彻底拒绝是0%，那么不妨试着向对方提出90%、70%或50%的方案。你可以从请托的"内容""期限"和"数量"上做评估，比如说，90%接受是"期限延长3天的话就办得到"；70%接受是"无法担任项目经理，但是参与项目没问题"。

拒绝的说法也有一套固定模式可循：先以感谢的口吻，谢谢对方提出邀请；然后以缓冲句"不好意思""遗憾"接续，让对方有被拒绝的心理准备；接下来说出理由，并加上明确的拒绝："因为那天临时有事，所以没办法出席。"

如果婉拒是比较无关紧要的邀约（如应酬），只要说今天不方便就好；但如果是要拒绝额外的工作，就必须说出今晚无法加班的具体理由。最后不忘加上道歉，以及希望保持关系的结尾："真的很抱歉，若是下次还有机会，我会很乐意参加。"

心灵小酌

遇上同事请求协助的时候，自觉只能接受或拒绝，没有转圜的余地，也是导致人们无法拒绝的原因之一。其实，只要把拒绝别人的请托当成在跟对方交涉，就比较能够打破心理障碍，没有那么难开口了。

三缄其口，别掺和职场八卦

女人喜欢八卦，善良的女人可能容易被那些长舌妇带偏行为。每个国家都有一定范围内的疆域和领土，这是其他国家无法侵犯的领地，也是本国赖以生存的领地。同国家的疆域和领土一样，对于每一个人来说，也有属于自己的一块领地。每个人的领地都埋藏了一些秘密，他只有在自己的领地上才能放松，而我们在与同事相处的时候，要保持一定的距离，不要随便进入他人的领地。

每个人在人际交往中，都存在一种强烈的自我保护意识，要保护自己那块领地。而在存在利益关系的同事之间，这样一种保护的意识更加强烈。因为，在同事之间不存在真心交谈的朋友，只存在志同道合的革命同志。谁也无法向自己的竞争对手亮出自己的底牌，或是全面地展示自己，他们总会坚守自己的那片领地。而人与人之间的交往要建立在互相尊重的前提之上，这就需要我们在与同事相处时，也要学会尊重对方，不要随便进入他人的"领地"。

小李是一个性格十分开朗的女生，她刚进新公司没有多久，就赢得了同事们的喜欢。一天，她与同事下班回家，偶然看见上司的车里坐着与自己一起新来的秘书丽丽。她不禁有点好奇，还上前打了个招呼："嗨，去哪里玩啊？"丽丽有点支支吾吾，含糊其词："我马上回家呢，正好与老板顺路，他载我一程。"小李笑了笑，就与同事回家了。

第二天，小李就在办公室大声公布了她的新发现，当她和同事正在那里大声讨论着的时候，丽丽拿着文件夹进来，正好听到，脸色立即变得很难看，把文件扔给小李就走了。小李显得有点不好意思，两天后，上司把她叫到办公室，告诫她以后在上班时间少说与工作无关的事情。小李闷闷不乐地回到工作岗位，让她更为伤心的是，没有一个人过来安慰她。

在同一个办公室上班，每个人都应该尊重他人的隐私，稍有不慎，就会祸从口出而付出惨重的代价。这就需要我们在办公室里，要随时注意自己的一言一行，一举一动，千万不要揭露他人的隐私或伤疤。

一般而言，我们在与同事相处的时候，需要与对方保持一定的距离。这样的距离不仅仅是人与人之间的心理距离，还有工作目的与职权的界定距离。所以，我们在工作中，不要随便进入别人的私人领地，也不要对别人的隐私进行大肆的宣扬。

每个人都有自己的秘密和隐私，在一个文明的办公室里，我们都应该尊重别人的秘密领地。如果你窥探别人的秘密，那会被认为是一种个人素质低下、没有修养的行为。当然，我们不可否认，每个人都有一定的好奇心。但是，如果你发现自己对别人的隐私开始感兴趣，那么你就应该进行自我反思了。

其实，很多情况都是在无意间发生的，比如你偶然间发现了同事的一些奇怪行为，在聊天时无意间告诉了别人，这样一传十，十传百，弄得整个办公室人尽皆知。其实，你这样的无意识行为既造成了对同事的伤害，又使其他同事对你有防备之心。因此，与同事相处，就需要与之保持一定的距离，尊重对方的隐私，不要随意进入对方的领地。

每个同事都有自己的工作目的与职权，很多人对自己的工作领地都有强烈的保护欲。这样一种自我保护意识就体现为，他只会坚持自己的想法，不会轻易接受你的建议，也不希望你随便询问他工作的进度。其实，对于每个人而言，都对自己工作领域有种强烈的操纵感，介意其他人对自己的工作专业有任何的意见，如果你随口问一句"工作进展得怎么样了？"他就会觉得你是在干预他的工作。

因此，如果不是有工作方面的需要，你千万不要介入对方的工作目的与职权范围。不要自以为是地给对方一些建议，也不要随口问任何关于对方工作的情况，你的无意之言只会让他对你产生敌意的态度。如果你确实需要配合工作，与其共事，首先任务就是与该同事做好完整详细的沟通。

心灵小酌

对于每一个人来说，都不希望自己的领地被他人侵犯。一旦他认为你想踏入他的领地，那就会对你采取敌对的态度。与其让自己职场中多一个敌人，还不如保持距离，真诚相待，使自己在职场中多一个可以信赖的人。

防人之心不可无，小心同事的冷箭

俗话说："防人之心不可无。"特别是面对那些虚伪的人，更需要我们有一定的提防。无论是说话做事都要果断，自己的事情自己做主，对方给你的建议或者答案只能作为参考，要按照自己的想法作出决定。有时候，如果你轻易相信别人的话，就有可能中了他们的圈套，把自己推进一个进退维谷的境地。

在我们身边有虚伪的同事，他们常常表面对我们表示出友好的态度，但在背后却说我们的坏话，或者使计策陷害我们。当我们与这样的人相处的时候，一定要格外小心，以免被他们蒙骗。当然，我们在工作中，什么样的人都能遇到，只要他伤害不到我们的利益，那么与其相处还是可以的，因为毕竟每个人除了缺点还有优点。但是，如果有可能，还是尽量避免与那些虚伪的同事打交道。

小丁是一家公司的普通职员，这些天她心情很不好，因为自己的主管是一位喜欢对下属指手画脚的人，他希望所有的事情都按照自己的方法进行。这让小丁感觉自己就像一个牵线木偶，直接被人操纵。

当时，小丁与主管的秘书关系还算不错，有一次吃饭两人聊得不错。小丁就以为遇到了知音，把自己所有的苦闷一股脑儿说给对方。她还心存幻想，希望主管的秘书能把自己的苦恼反馈给主管。

结果第二天，也不知道主管的秘书转述了些什么，当主管见到小丁的时候，脸色愈加难看，嗓门也更大了。小丁想着自己还把那秘书当作知心朋友，原来她是一个虚伪的人，她既愤怒又后悔。

虚伪的同事一般都戴着面具与你交往，他不会在你面前暴露真实的自己。所以，在更多的时候是我们需要做好自己的工作，而小心提防对方的。假如对方是一个虚伪的人，你需要做的就是做好自己，与他保持一种有距离的关系；你也没有必要揭开对方虚伪的面具，因为你们毕竟只是一种利益上的同事关系，而且为了工作还得继续协作下去，没有必要去追究对方虚伪的目的，只要没有伤害到自己的个人利益，完全可以保持一种平和的心态。

面对虚伪的同事，千万不要说出你的真心话，或者是向对方吐露一些你的秘密、隐私。因为那些虚伪的人通常都是戴着假面具与人交往，他们可能在赢得了你的好感之后，获取你的秘密、隐私，把那些作为他在其他同事面前的谈资。因此，对待那些虚伪的同事，只需要随便寒暄几句即可，而不需要把对方当作真心朋友那样无话不谈。

当你们在聊天时，千万不要因为自己内心情绪比较坏就在他面前抱怨其他的同事。如果他知道了你对某位同事有不满的情绪，他就会有所行动——可能会把你所抱怨的那些事再添油加醋地告诉对方，使你们之间的关系更加恶劣；也有可能在公司同事面前，假意站在你这边，"帮着"你说那位同事的不是，并且还会把你对同事的抱怨说出来。到时候，不仅是那位同事，你自己也会陷入尴尬的窘境。

有时候，虚伪的同事会对你进行甜言蜜语的进攻，并且请求你的帮助，这时候，你一定要保持自己的做事风格，不能因害怕得罪他而迁就他。当然，直接拒绝他，这样得罪一个虚伪的同事也不是一件好事，但是一味地迁就更不是上策，这会使对方感觉找到了你的软肋。最佳的办法，就是巧妙地拒绝，既不伤彼此的和气，也使对方明白你真的是有难处，进而理解你。

那些虚伪的人都善于观察身边的人，洞察他人的心思，所以，你在交往中千万不要小看了他们的能力，而自己更要谨言慎行，做好自己的本职工作，千万不要企图做一些小动作，这样只会让他们抓住你的把柄，揪住你的小辫子。俗话说："身正不怕影子斜。"只要你的言行举止没有丝毫的漏洞，他就拿你没办法。

总而言之，你在与那些虚伪的人打交道时一定要小心，以防自己上当受骗。其实，从某种角度上说，和虚伪的人一起共事并不是一件坏事。因为你可以从他们身上学到很多，比如善于观察，善于总结，善于洞察人心，与那些虚伪的人共事可以让我们变得更加老练。

心灵小酌

女人需要记住，有的同事值得你真诚地对待，有的只是一般同事或是只能算个表面朋友，所以虚伪只是给那些需要对其虚伪的人而作，真心朋友面前则不需要。

公司娱乐活动，不必全部非要参加

在日常职场工作中，为了维持良好的人际关系，总免不了要参与社交娱乐活动。不过有时候我们想要拒绝这类应酬，却因为担心伤害同事之间的人际关系，而不好意思拒绝，从而导致自己身心疲惫。对此，心理专家指出，不懂得拒绝别人反映的是现代职场的人际关系，尤其是现代都市白领，这往往是因职场人际关系心理障碍所造成的。

25岁的王小姐当文员已经6年，进这家公司也有3年了，半年前来到现在所在的销售部。这个部门一共有20多名工作人员，男女人数相当，销售员全是男性，行政人员是清一色的女性。

王小姐平时上白班，每天工作8小时，一周工作5天。由于有早晚班之分，她通常都是中午12点或傍晚6点两个时间点下班。王小姐的爱好比较广泛，唱歌、看电影、插花。而下班后，她习惯回家吃饭、看书、上网、陪家人，也偶尔跟同事吃饭、唱歌。

与王小姐同公司的同事则喜欢下班后聚在一起打麻将，一般都有固定的几个牌友。"三个月前的一天，她们三缺一，我看实在找不到人，就跟她们打了一次。"王小姐说，她其实比较讨厌打牌，也不怎么会打。"没想到有了第一次，她们每次打牌都要喊我。"

渐渐地，一遇到同事下班约她打牌，王小姐心里就五味杂陈，本来就不太会拒绝人的她也曾说过"不想去"，但在同事的软磨硬泡下，每次到最后都被迫陪打。同事们"游说"的那些话，王小姐随口就能背出几句，"哎呀，就是几个同事耍一会儿，不会有多大输赢，就当是混时间。""去嘛，你看我们三缺一，心里好难受啊？"……

于是，三个月下来，王小姐每个月要被迫陪同事打三四次麻将。本来就不太会打牌的她"很受伤"——基本上每次打牌都会输掉100元以上。9月还没完，就已经打了3次，输了600多元了！前天，同事又与她约好了下一场牌局，对此，王小姐表示很无奈。

对王小姐而言，下班被迫打麻将给她带来的困扰远不止输钱那么简单。王小姐说："本来这个月，我要参加一个公司举办的征文比赛，就是因为她们老是约我打牌，最后错过了交稿时间。"平时下班后就去打麻将，回到家都深夜12点多了，洗漱完就凌晨1点左右了，想到第二天还要去上班，根本找不到写文章的状态。

尽管被迫打牌，王小姐也怕自己上瘾，因此心理压力一直比较大，她说："每次打牌之后的一段时间，每天晚上我都会梦见自己打牌，弄得自己的精神状态很差。"

当提及同事为何选她打牌而不是别人的时候，王小姐说："可能她们一是知道我不会拒绝人，几句话一说就动摇了；二是知道我打牌打得不好，人又比较耿直，觉得赢我的钱比较容易，随便输多少钱也不会吭声，也不会跟其他人乱说话。"

对于案例中王小姐的情况，首先要学会自我调适、自我放松，通过各种方法宣泄自己压抑的精神情绪；其次制定与自己能力成比例、一致的目标，明确生活与工作的界限；再次要妥善处理人际关系，正确认识周围的朋友，分清工作上的朋友、生活中的朋友；最后要尊重自己的兴趣爱好，学会抗干扰能力，坦然对自己不喜欢的事情说"不"，把握好尺度，有选择性地拒绝。

在逢年过节的时候，免不了会遇到同事邀请你去他家做客，或者邀请你一起喝酒吃饭。其实这本来是一件很不错的事情，但是有时候因为一些原因，你不愿意去或者实在盛情难却，那应该如何拒绝同事呢？

假如你真的不愿意去，那么当同事邀请你的时候，不论对方是否真心邀请你，你绝对不要轻易找一个借口拒绝对方。随便找一个敷衍的理由，比如没时间，同事肯定会追问原因，假如我们的借口找的比较好还行，若吞吞吐吐，那对方会如何看你呢？

假如我们与同事关系比较好，或者自己真的有事情，我们拒绝了，对方是会理解的。不过，并非所有的人都是需要坦诚的，当我们决定向同事坦白自己无法去的时候，试着考虑一下双方之间的关系。假如我们觉得对方无法理解，就没有必要坦白说明，还不如找一个合适的理由。

在拒绝同事邀请的时候，身体不适确实是一个很不错的借口。但这样的借口用一两次就够了，次数多了，对方肯定会有一些别的想法，比如"是不是看不起我呢"；假如你是对方的上级，那如果你说身体不适，对方肯定还会来看望你，或者送礼祝福，最后反而增加一些不必要的麻烦；假如我们真的不想去，那可以说"我已经有约了"，或者说"我打算去拜访伯父，正准备出门呢"，以此婉拒同事。当然，假如我们与同事之间距离很近的话，在使用这种方法拒绝的时候一定要注意，自己可能真的要出门去才能让同事相信。

职场是一门很大的学问，同事会邀请你去他家里做客，假如你因为一些原因拒绝了，那同事有可能会多想。假如你真的是因为个人问题拒绝了对方，那在拒绝后应该找个机会补偿，比如请他吃饭，或者适当准备一些小礼物。

有一些拒绝，实在是个人或者别的原因导致的。不过，当同事已经亲自来接你的时候，尽量不要拒绝对方。毕竟，对方已经把姿态放到最低程度了，那就不要随便再去拒绝了，除非你真的有很重要的事情要处理。

心灵小酌

由于现代职场人际关系比较淡漠，所以人们对这种关系充满恐惧，很害怕假如拒绝，自己会被当作不随流、不合群的另类。所以，面对同事的邀请，哪怕自己不喜欢也要硬着头皮参加，但是，这种违背自己意愿的行为往往会产生相反的效果。

韬光养晦，在低调中提升自我实力

在办公室里，女人都想扮演得聪明一点，似乎只有这样才能凸显自己的价值。事实上，自己表现得太过聪明，太过优秀，处处给人一种了不起的印象，反而会成为同事争相排挤的对象，而那些看起来傻头傻脑，说话做事都笨笨的人，却成了同事们喜欢的对象，这是为什么呢？

在工作中，同事会不自觉地把你当成竞争对手，如果你处处表现得很优秀，锋芒毕露，他自然会感觉到你带来的威胁感，无形之中，你就成了他们讨厌的人。所以，与同事相处，不宜表现得太过优秀，即使你有天大的本领，也要懂得收敛，相反，为了打消同事心中的顾虑，不妨适当暴露一些缺点，说话千万不要自以为是，别聪明反被聪明误。

学校组织开新学期教研会议时，头发花白的李老师就发牢骚了："为什么老是安排我们老教师上普通班，年轻的老师上尖子班？你们是看不起我们吗？既然看不起就直接叫我们下岗算了，还留我们干嘛！"坐在旁边的年轻老师沉默了，小王老师作为主任组织了这次会议，他也低下头，默默地听着。李老师继续倚老卖老："你们这些年轻人、小毛头，别看不起我们这些老家伙！别以为你们文凭高，什么重点大学研究生的！我们在讲台上吐的口水都比你们多！二十年前，我们都站在讲台上教书了！说说看，二十年前你干什么的！""二十年前我只读小学。"小王老师只能这么回答。

等李老师牢骚发完了，小王老师才说："这是领导这么安排的我也只能照做，不过以后在工作中有什么疑问，我们肯定会请教和遵循老前辈们的意见的。"就这样散会了，后来，小王老师在那些老教师面前，就像个什么都不懂的小学生一样，故意暴露自己的一些缺点，处处向老教师请教。而且无论做什么都维护老教师的意见。对于他们言语犀利的牢骚，小王老师从不反唇相讥。久而久之，老教师们也没什么意见了。

再后来，小王老师被调到更好的学校了。教研组的老教师们居然舍不得他走，李老师还很歉意地说以前的牢骚很对不起他。新上任的主任恰巧又是个年轻的老师，见此就询问如何处理与资历深老同事的关系。小王老师就说："不要表现得太优秀，凡事装得笨一点，那你就会受欢迎了。"

在上面这个故事中，我们不难看出小王老师为人处世的智慧。也许，在众多资历高的老同事面前，小王老师不过是个小人物，他明白，自己的工作要想做好，就必须打动这些老同事的心。于是，他扮演了一个不起眼的小人物，在老同事面前适当暴露了"愚笨"的缺点，以此打消了同事心中的顾虑，以诚恳的态度赢得了同事的尊重，从而与之建立了和谐的人际关系。

当今社会，竞争日益激烈，每个人的智力也得到了空前的解放和开发。在工作中，人们争先恐后地表现自己，梦想着出人头地、做出一番大事业。其实，如果你显山露水，争着炫耀自己，使出全身解数来成为同事妒羡的对象，当你的虚荣心不断膨胀的时候，你离失败也越来越近了，这就是锋芒毕露的下场。

因此，不管你是职场新人，还是已经在职场混迹了多年的老同事，不要太过于展现自己的锋芒，而是懂得藏其锋芒，表现的愚笨一点，或者适时表现自己的缺点，这样你才能真正地融入办公室这个大家庭，也才能打动同事的心。

在日常工作中，即使你真的才智出众，也要给人一副"愚笨"的印象，不要炫耀自己，取大舍小。因为厚积薄发才得以宁静而致远，山间小溪虽然看似貌不惊人，最后却能流入大海。在同事面前不要显露自己的才能，不向同事夸耀自己，抬高自己，在他们面前扮演一个小人物，不抱怨，专心做好自己，在不显山不露水中获得成功。

💜 心灵小酌

　　办公室本就是是非之地，要想在这里获得一片自由的天地，我们就必须融入这个圈子，懂得藏起锋芒，藏起自己的优势，适当暴露一些缺点，以此来消除同事的心理戒备，这样，才能赢得同事的认可。

第10章

你大概不知道，为什么领导总是使唤你

　　工作中，许多职场女性有这样的苦恼：领导总以为你是全能的。他们挂在嘴边的一句话就是：这有什么难的，很简单。于是，写策划案、做PPT、做标书，样样活都落到了头上，但其实你不过是一个小编辑。善良的女人，别做领导眼中的全能人才。

工作积极，也别当任劳任怨的"隐形人"

你是否渴望有时可以说"不"呢？在工作中，许多职场女性被迫同意对方的要求，宁愿竭尽全力做事，也不愿意拒绝，即便自己没时间，也要努力应承下来。事实上，对应该拒绝的事要敢于说"不"，学会拒绝一样可以赢得身边的人对自己的尊敬。在大多数人的心里，拒绝表示漠不关心，甚至自私，担心拒绝会令对方沮丧，担心因此被讨厌、批评、损害友情。然而，拒绝的能力与自信紧密联系，通常缺乏自信和自尊的人才会为拒绝别人而感到不安，而且觉得别人的需求比自己的更重要。

雯雯在一家公司里上班，担任客服人员，她的工作主要是负责跟客户沟通问题并及时给予解决。雯雯刚刚大学毕业，对沟通方面的知识似懂非懂，有时还需要向领导请教。在这样的情况下，雯雯觉得自己要利用加班来给自己充电，延长自己的工作时间，这样工作才会得心应手。

于是，在接下来的一段时间里，别的同事都下班了，雯雯总是坐在办公室里工作。经过几个星期的学习，雯雯进步了，跟客户的关系也熟了，沟通技巧也提高了很多。接连几个月之后，雯雯对工作熟能生巧，游刃有余。她原本打算让自己在往后的日子里放松一下，多抽出时间去锻炼和计划旅行。不过在这时，领导却把雯雯当作文员，塞给她一些文字工作，这下雯雯的计划落空了。

　　雯雯认为，既然自己答应了领导，就一定可以做好。在接到另一份工作以后，她又继续拼命起来。尽管有时她忙不过来，不能及时与客户沟通，甚至竟然会忘记自己下一步的工作，不过雯雯没有放弃这份工作的念头。只要领导有要求，她就可以继续坚持下去。

　　直到有一天，雯雯感到现在的工作已经非常繁重，再加上她精神负担过重，身体承受不住，终因太劳累而晕倒在自己的工作岗位上。在医院，领导也来探望她，并询问她一些其他的事情。无奈之下，雯雯只好对领导实话实说，领导也明白了自己在工作安排上的过分要求。

　　身体恢复之后，雯雯回到了工作岗位。这时领导将之前分配给她的工作安排给其他人，让她将之前的工作做好就行了。雯雯不再像前段时间那样忙碌，终于可以好好休息一下了。而她对自己的工作非常熟悉，做起来应对自如，轻松自在，时常露出快乐的笑容。

　　当然，乐于助人、勤奋这样的品质是很重要的，特别是主动和心甘情愿地帮忙会使自己更加受到欢迎。不过，假如自己是被某种心理压力所迫，对所有要求都点头应承下来，那其实是屈服于另外一种性质的某些动机，比如需要得到别人的认可或夸赞，担心给对方带来不快和麻烦，希望别人对自己感恩，希望有所回报等。

　　在工作中要懂得自重，就应该学会拒绝，在需要拒绝时就应该毫不犹豫地拒绝。

同事为了挣点零用钱有时会接一些私活儿，你偶尔帮助一次完成工作上的任务，这是比较正常的。但前提是这次耽误是被正事耽误而不是由于个人什么错误。由于他自己承担了某种约定，就应该要么践行承诺要么选择放弃。假如同事在每次不能完成任务时你都帮他分担责任，这样就会束缚对方的自信心，而且对方能够轻松地承诺自己没办法完成的事情，而且会养成事事求助他人的习惯。

在生活中，我们永远不要认为有义务为他人说谎，如孩子还没有完成作业，他请求你给老师写一张表示抱歉的字条；或者闺密为了离婚，希望你能提供一些有利于她的证据。这时对方是想干扰歪曲我们的某种信念，所以不能违心地去做这件事，而是要敢于说"不"。

在生活中，当对方提出自己的要求，我们应该首先考虑这个要求是否合理，是否欠考虑或者不合适。比如，一个朋友希望你能开车送他去很远的机场，便于自己赶上夜里去加拿大的飞机。仔细想想这个要求，对方肯定有其他的交通途径可以选择，而我们自己完全有理由觉得这个要求是不合理的，可以提出拒绝。反之，假如朋友是处于紧急情况，父母生病了，需要马上赶到医院，那我们反而应主动提出送对方到医院。

过年过节的时候，远在老家的父母希望你带着一家人回家，这肯定是非常难以拒绝的。不过，假如孩子们已经有了自己的出行计划，或者回家的费用会影响家庭开支的话，你也可以适时拒绝，然后再找机会回家。

毫无疑问，许多人面对这样的情况都害怕说"不"，当自己不想答应别人求的事情时，自己又不能毫无愧意地拒绝。这时就要学会克服心理障碍，坚决地表达内心的想法。

心灵小酌

当你对领导说"我会好好工作的"，这时领导提出"你这个周末别休息了，加班吧"，你是否会感到很为难呢？你可以坦白地跟他说："我很愿意加班，不过上个周末才加过班，我可以休息一天吗？"

如何和气委婉地拒绝领导，是一门艺术

拒绝是一种艺术，既能巧妙达到拒绝的目的，又不至于让领导产生不快的情绪，这才是高明的拒绝。当领导对你有所求而你却办不到的时候，你不得不说"不"，当然，拒绝并不是以伤害他人为目的，而是以和为贵，尽可能在不影响上下级关系的前提下进行，说得更直接一点，是在有效地维护领导面子的基础上进行。虽然拒绝是很难堪的，但在不得已的时候还是会用到拒绝，事实上，只要你能够很好地运用拒绝的艺术，它最终带来的并不是尴尬而是和气。

在工作中，对于领导提出的不合理请求，许多人都不懂得该如何去拒绝，往往会因为情面等问题而违心地说"是"。其

实，这样对双方都不好，事情办不好可能会给领导造成一定的损失，而自己也会给领导留下不好的印象。当然，没有人喜欢被拒绝，所以，在工作中拒绝，不要急切、直接地表达出自己的立场与处境，而应该掌握必要的沟通技巧，既不伤领导面子，又能婉转地拒绝他人，尽量降低拒绝产生的负面效应。

　　快要下班的时候，经理叫住正要出门的小丽，吩咐道："小丽，先别走，客户刚打了电话，说晚一点会过来看样品，这个客户很重要，你留在办公室接待一下。"小丽有些不耐烦："怎么又是我啊，每次遇到这种事情都找我，经理啊，下班了我也想多有一点自己的私人时间，你看我都三十岁了，连个男朋友都留不住，他跟我分手的理由就是我太忙了，我就请你高抬贵手，放过我这一次吧。"经理脸色有些阴沉，但还是轻言说道："毕竟，关于样品的介绍，还是你比较熟悉一点，你做的这份工作就是这样，而不是把自己男朋友走了的事情跟工作扯上关系。"

　　见经理还是要求自己去做，小丽索性也冷着一张脸，说："经理，反正我今天有事情，我真的做不了，你要怎么惩罚我都可以，我走了。"说完，头也不回地走了，只剩下经理在那里张口结舌地站着。

　　案例中，小丽的拒绝算是比较差劲的，可能她是真的有事情，但也不应该以这样的口气与领导说话。这样的拒绝方式，非但不会让领导体谅你，反而会责怪你不服从命令。对每一位领导来说，需要管理的是整个公司，并不只是某一个人，保持自己的权威对他来说十分重要。

张经理总是喜欢给娜娜布置很多的工作任务，这天张经理又在增加工作量的时候，娜娜鼓足了勇气说："我手里有三个大的项目，十个小的项目，我担心时间安排不过来。"张经理一听，脸色马上变了，说道："可是，这个项目只有你去做我才放心。"娜娜只好无奈地表示："那好吧，我赶一赶。"说完这句话，娜娜就后悔了。

看到张经理的脸，一个大胆的念头在娜娜的脑海中诞生了："不过，要按时保质完成，我需要几个帮手。"娜娜轻描淡写地说，张经理有些惊讶，但马上笑着说："我考虑一下。"原来，娜娜是这样想的，如果张经理答应给自己派个助手，那就相当于变相给自己晋升，自己的工作也就分担出去了；如果不答应，那他也不好继续给自己布置工作任务了。

果然，张经理没有再增加新的工作量，而且还经常跑过来关心娜娜的工作情况。

在这个案例中，娜娜的拒绝方式是成功的，向领导表现自己的难处，受到了领导的理解，当然，在拒绝过程中，也很好地照顾到了领导的面子，从而和谐了上下级之间的关系。张经理在遭受娜娜的拒绝之后，他并未对娜娜产生反感的情绪，反而经常询问其有关的工作情况。

在拒绝领导时，我们应做到"以和为贵"，当领导对你提出要求的时候，不要立即拒绝。立刻拒绝，会让领导觉得你是一个冷漠无情的人，甚至觉得你对他有某种成见；如果你正在气头上，领导提出了一些要求，更不能气愤地直接拒绝说"我不做"。

这就需要你在拒绝时要特别注意自己的言辞，选择一个合适的场合，用友好的语调与其交谈，这能让领导感觉到你对他的尊重，感觉到你是在为他维护权威和形象，他就会觉得你是一个善解人意的员工，也会对你产生一种好感。千万不要用一些直接的语言和强硬的语气跟领导说话，这样只会造成争吵，而通常争吵的结果都是自己被迫降职、走人或者从此没有好日子过。

♥ **心灵小酌**

对于领导所提出的要求，不要轻易地拒绝，有时候领导之所以对你有那么多的要求，是对你的一种重视；不要傲慢地拒绝，在拒绝领导的时候，切忌盛气凌人，即便你不愿意去做，也需要保持谦虚谨慎的态度。

拒绝领导的理由，要合情合理

职场女性经常会遇到这样的情况：领导叫你干一件事，你马上答应了下来，即便这件事本不该你做，或超过了你的负荷。或许是慑于领导的压力，也或许是出于其他的某种考虑，你往往不会去拒绝。其实，在工作中，我们应该学会拒绝领导。当然，不同的人，所选择的拒绝方式也会不一样，这也就造成了不同的结果。但是，不管你所选择的是哪种回绝方式，都要掌握好分寸和技巧，稍有不慎就有可能犯了职场大忌。而且，每个拒绝行为的背后都应该有一个理由，作为下属，在拒绝领导时需要找个最妥帖、最委婉的理由。

一般而言，你的回绝方式既是对领导的一种答复，也是自己的一种表现。这就需要你掌握一些回绝的技巧和回绝的忌讳，这样才有可能使自己在回绝之中处于主导位置。虽然，你在职场生涯中，是有权利说"不"的，但是你也要有说"不"的能力。

"不论什么事情只要交给小安，我就放心了。"小安进入公司两年，这是领导经常挂在嘴边的一句话。刚开始小安很高兴，但时间一天天过去了，领导交给自己的工作任务越来越多，小安经常听到这样的吩咐"小安，这个方案你负责一下""小安，这个客户你去接待一下""小安，这个项目人手不够，你也参与进来"。

小安手里的事情多得做不完，但身边的同事却有时间发呆，且薪水并不比自己少多少。小安心想，也许自己再忍忍就会有升职加薪的机会。但是，每次到了升职加薪的时候，那机会总是从小安眼前溜过，到了别人的口袋里。后来，小安也通过人事部的老同事嘴里得知，关于自己升职的事情，中层主管会已经讨论过很多次了，每次都被领导否决了，说小安虽然业务能力不错，但管理能力不足，需要再锻炼锻炼。这时老同事就会说："你想想，如果你升职了，他上哪儿去找这么任劳任怨的下属呢？"

小安觉得，自己一定要想办法拒绝领导了，可是，该如何拒绝呢？这天，领导又开始吩咐："小安，下班后先别急着走，有一个案子还需要你负责一下。"小安脱口而出："不好意思，领导，今天我妈妈从老家过来了，就是五点半的火车，我得去接一下，您也知道，老年人嘛，手脚不太方便，我可不放心她跟那些身强力壮的人在火车站拥挤，而且我妈妈她也不认识路，我必须得去接她。"领导似乎很理解，挥挥手，说道："行，那你早点回去吧，案子的事情我让别的同事负责。"

在案例中，小安找了一个老掉牙的理由——接人，虽然暂时不会被领导看出来，但下一次再接到领导"加班"的要求怎么办呢？如果领导意识到自己被下属欺骗了，那结果会更糟糕。对此，作为下属，一定要在拒绝领导时，找一个最恰当的理由。

首先，你拒绝领导时所说的理由必须是客观的，只有说出自己拒绝的客观理由，领导才有可能接受。比如，你在工作中针对领导提出的不合理要求，可以委婉地拒绝；当领导提出要求你去做一些违背良心的事情，也可以回绝。但是，如果仅仅是正常加班之类的问题，那么你就要学会忍让，毕竟对于公司来说，加班是无可厚非的事情。其次，你回绝领导的要求，并不是基于主观原因，掺杂个人情感，而是为了更好地工作。对领导进行拒绝，需要说明并不是从个人角度出发，而是为了把自己的分内工作做好，这样的理由才更容易被领导接受。

心灵小酌

在拒绝领导的需求时，职场女性所选择的回绝理由必须是客观的，所说的言辞要委婉，还需要有自己的一定实力。除此之外，你还应该避开一些雷区，比如动不动就以辞职相威胁，这样都是极为不妥的。

酒桌上，如何有效回绝领导的轮番敬酒

在日常工作中，对于下属而言，交际是必不可少的，要交际就离不开应酬。在现在这个社会，应酬自然少不了酒宴，喝酒成了下属不可回避的问题，尤其是面对领导敬酒的时候。一般而言，当领导向你热情敬酒的时候，作为被敬酒的一方，应保持这样的礼仪：不躲不藏，不要把酒杯翻过来，或将他人所敬的酒悄悄倒在地上。敬酒的时候，上身挺直，双腿站稳，以双手举起酒杯，待对方饮酒时，再跟着饮，敬酒的态度要热情而大方。但是，"喝酒伤身"是每个人都知晓的道理，如果身体欠佳，而又面对热情轮番敬酒的领导，这时该如何回绝呢？高明的回绝方法既拒了酒又不得罪敬酒劝酒的领导，甚至还能获得领导的同情与认可，这才是拒酒的最高境界。

酒桌是一个交际场所，而且这个场所十分考验人。作为下

属，如果你不能喝酒，那么最好学会拒酒。既然自己的酒量不能让同桌的人喝得痛快，那就凭着三寸不烂之舌让领导们开心。这样一来，你既不会伤了自己的身体，又不会让劝酒者扫兴。

酒桌上，几个领导都喝高了，在那里玩着轮番敬酒的游戏，小张已经感觉到自己不行了，再喝下去肯定胃出血。但是，领导们似乎并没有要放手的意思，这时，销售部的张经理又开始敬酒了，小张挡住酒杯："我可真不行了，再喝，我就要胃出血了。"谁料，张经理说："喝！感情铁，喝出血！宁伤身体，不伤感情；宁把肠胃喝个洞，也不让感情裂个缝！"

一听领导说出如此不理性的话，小张笑了，他回答说："我们要理性消费，理性喝酒。'留一半清醒，留一半醉，至少在梦里有你伴随'，我是身体和感情都不愿伤害的人。没有身体，就不能体现感情；没有感情，就是行尸走肉！为了不伤感情，我喝；为了不伤身体，我喝一点儿。"喝得半醉半醒的领导们听了这话，马上竖起大拇指，大笑着说："不愧是小张，我的好兄弟，说得对，干了这杯酒，咱们马上撤队回家。"

一般情况下，领导在敬酒时都会说一些敬酒的话，这时，不妨巧妙顺着领导的敬酒词表达自己的拒酒话，以此达到拒酒的目的。有的人拒酒很有一套，遇到熟人硬劝，他就嬉皮笑脸，让劝酒的人别客气；碰到陌生人敬酒，他就说自己酒量不行。这样一来，基本上能混过一次算一次。

在酒桌上，敬酒劝酒是一门学问，而与之相反的拒酒也是一门学问。虽然，在喝酒之前总是提醒自己"喝酒伤身，上个月才做了手术，还是少喝点"，但一上了酒场，领导轮番的敬酒劝酒很快就让自己招架不住，根本不知道该如何拒酒。

从社交关系来说，领导敬酒应该是件好事情，作为下属应该先干为敬，但现实情况却是，如果自己真的身体虚弱，喝酒多了肯定会坏事。对此，面对酒桌上热情似火的领导，下属应该想好拒绝的理由，比如"我一会要开车，不能喝酒""我上个月才做了手术，你不想我第二次进医院吧""我的胃一直不好，喝了酒就会出血""我对酒精过敏""我前阵子生病了，正在吃药，医生不让喝酒"等，这些都是司空见惯的理由，而这一切都是为了拒酒，让领导体谅自己的难处。

❤ 心灵小酌

当然，说到拒酒，又分为硬拒和软拒：硬拒就是直接、不留情面的拒绝，比如"我不喝酒"；软拒就是不伤和气地拒酒，比如"不好意思，我一会还得开车回家，不能喝酒"。实际上，对待领导的轮番敬酒，我们还真得学会"软拒"，而不是硬拒。

遭遇职场性骚扰，别忍气吞声

在工作中，女性，尤其是年轻貌美的女下属，很容易受到领导的骚扰，这时作为下属该如何巧妙应对呢？作为女下属，面对领导的骚扰确实需要谨慎小心，既不能让他丢了面子下不了台阶，又不能让自己吃亏，毕竟大家还要在一个环境里工作，而且他又是自己的领导。当然，如果女下属本身处理得比较得当，通常领导是不敢造次的。对于任何一位女下属来说，尊严是最宝贵的财富。现代社会，越来越多的白领女性表示自己曾受到领导的"性骚扰"，尽管，这样的场景令人难堪，但作为女性来说，礼貌地拒绝才是上上之策。

当然，对于一些性格比较好强的女人，她将这件事闹得沸沸扬扬，弄得人尽皆知，否则就是辞职走人。对于前者，这样的方式是极不妥当的，虽然你向更多的人宣扬了领导的"恶习"，但与此同时，你也将自己的名誉卷入了其中。至于"辞职"这样的方式，除非领导的骚扰真的到了很严重的地步，这个方式是值得采纳的。但还有一种更聪明的女性，那就是礼貌而有分寸地拒绝，让领导再也"不敢"轻易地骚扰自己。

在《杜拉拉升职记》中有一段这样的情节：

台湾老板阿发对公司年轻貌美的女职员垂涎欲滴，他通常会叫女职员单独留下，先拍拍肩膀做慈爱状，接着送给她一张五星级酒店的常住卡，然后道出自己当过黑社会小弟的历史，并露出自己胸前的刀疤让女职员摸。这是杜拉拉在进入职场之后，就熟悉的一些情况。曾被骚扰的女同事琳达劝杜拉拉："这种事你要么忍，要么等，等更年轻漂亮的女职员进公司。"

有一次，杜拉拉的经理出去接个电话，杜拉拉坐下来看一份传真。忽然，她感觉老板阿发拿脚在摩挲自己的脚背。当时正是夏天，杜拉拉光脚穿着凉鞋，没有穿袜子，她浑身一激灵，就好像有一只又湿又冷的肥老鼠爬过自己的脚背。于是，杜拉拉将自己脚抽回，假笑道："胡总，不好意思我乱伸脚碰到您了。"

面对领导的骚扰，是应该听从同事的劝告，保住饭碗，选择沉默呢，还是选择"忍"和"等"呢？其实，对于女下属来说，逃避以及沉默都不是解决领导骚扰的办法，职场女性杜拉拉表示"这种事情不能忍，更不能等"。当然，她也没有采用打耳光或丢饭碗这样的激烈行为来反抗领导的骚扰，而是采用了更巧妙的方式来化解这种职场上的尴尬。

在平时的工作中，女下属需要保持对领导的尊敬和礼貌，毕竟他是领导。即便是一个普通的同事，你也需要保持正常的礼貌。当然，这种尊敬和礼貌需要把握火候和度，不要让领导误会你在向他"暗送秋波"，或者有什么格外的意思。

除了工作以外的时间，对于领导的一些额外邀请，要学会礼貌地拒绝，尽量避免与领导单独出去吃饭，包括和领导一起出去陪客户，这时是在酒桌上应酬，有些不怀好意的领导会借着有客户在，你不好意思拒酒，让你频频举杯，一旦你真的喝醉了，那后面的事情就不好把握了。因此，作为女下属，需要尽量避免这样的事情和场合，面对领导的骚扰，不要顶撞地回绝，而是要礼貌地拒绝，维护其领导的面子。

实际上，对于女下属来说，当遭遇不怀好意的领导骚扰时，明确态度很重要，否则，领导会误以为你并不拒绝骚扰，他的行为就会更加大胆。还可以与领导的太太成为朋友，当领导意图对自己图谋不轨的时候，借故说："您太太……"这样一来，即便领导吃了熊心豹子胆，也不敢轻举妄动。

♥ 心灵小酌

面对骚扰，我们应该首先态度明确，心平气和而又巧妙地表达出自己拒绝骚扰的态度，既不伤和气，又能让领导知难而退，骚扰到此为止，化解职场上的尴尬。

参考文献

[1]慕颜歌.你的善良必须有点锋芒2[M].北京：中国友谊出版公司，2019.

[2]血酬，马叛.你的善良，必须有点锋芒[M].北京：作家出版社，2017.

[3]黎芫.你的善良，必须有点锋芒[M].南京：江苏凤凰美术出版社，2018.

[4]慕颜歌.你的善良必须有点锋芒[M].苏州：古吴轩出版社，2016.